四川环境教育

1+N 实践与创新

李友平 胡颖铭 朱晓华 童小双 陈贵斌 陈 亮 唐 娅/主编

中国环境出版集团 · 北京

图书在版编目（CIP）数据

四川环境教育 1+N 实践与创新 / 李友平等主编 . —北京：中国环境出版集团，2023.6

ISBN 978-7-5111-5537-5

Ⅰ. ①四…　Ⅱ. ①李…　Ⅲ. ①环境教育—教学研究—四川　Ⅳ. ① X-4

中国国家版本馆 CIP 数据核字（2023）第 107244 号

出 版 人　武德凯
责任编辑　宋慧敏
文字编辑　马丁冉
封面设计　宋　瑞

出版发行　中国环境出版集团
（100062　北京市东城区广渠门内大街 16 号）
网　　址：http：//www.cesp.com.cn
电子邮箱：bjgl@cesp.com.cn
联系电话：010-67112765（编辑管理部）
发行热线：010-67125803，010-67113405（传真）
印　　刷　北京建宏印刷有限公司
经　　销　各地新华书店
版　　次　2023 年 6 月第 1 版
印　　次　2023 年 6 月第 1 次印刷
开　　本　787 × 960　1/16
印　　张　16.75
字　　数　254 千字
定　　价　85.00 元

李友平，男，在职博士研究生，教授，硕士生导师。曾任西华师范大学环境科学与工程学院副院长。现任西华师范大学研究生院副院长，环境教育中心（国家生态环境科普基地、川东北环境教育与科普基地、四川省生态文明普及基地）主任，环境教育协会（全国高校百强学生社团）指导教师。中国环境科学学会高级会员、生态环境科普专家，四川省环境科学学会理事、生态环境科普专业委员会主任委员，四川省科学技术厅、四川省生态环境厅、重庆市科学技术局技术评审专家，《环境科学》等期刊的审稿人。被评为“全国科技活动周示范活动先进个人”、全国“百名最美生态环保志愿者”、四川省首届“十大绿色先锋”、“四川省教育改革创新发展典型案例（教师类）”、“四川省科技系统先进个人”等。

胡颖铭，男，硕士研究生，高级工程师。任四川省生态环境科学研究院总工办主任、四川省生态环境科学研究院生态环境损害司法鉴定中心副主任，取得司法鉴定执业资格，长期从事环境政策和法治研究、环境损害评估、环境科创和环境科普工作。兼任四川省环境科学学会秘书长，受聘为中国环境科学学会生态环境科普专家，积极搭建环境科创、科普能力提升协作和资源共享平台，大力开展环保宣讲“三进”活动、“千乡万村”环保科普行动、环保科普创意大赛、生态环境讲解员大赛等，打造了一批有影响力的环境公益活动品牌，被评为“四川省科协系统先进工作者”等。

朱晓华，男，博士（在读），西华师范大学环境科学与工程学院副教授。主要从事环境污染治理、环境风险评估、生态文明教育等工作，获第二届全国高等院校工程应用技术教师大赛一等奖、中国环境科学学会全国优秀指导教师等；作为核心成员的研究成果获四川省科学技术进步奖二等奖、四川省环境保护科学技术奖一等奖、四川省第六届普教教学成果奖三等奖等；担任 *Environmental Research*、*Ecotoxicology and Environmental Safety* 等期刊的审稿人，以第一作者或通讯作者在 *Science of the Total Environment*、*Environmental Research*、*Toxicology*、*Chemosphere* 等期刊发表论文 16 篇；获国家软件著作权登记 3 项；指导学生获国家级、省级创新创业类立项 3 项，省级竞赛一等奖、二等奖 3 项；完成多项环境工程设计、生态环保类规划、环境污染治理工程等。

童小双，男，硕士研究生，高级工程师。2005 年 7 月毕业于四川大学建筑与环境学院，此后在中国电建集团成都勘测设计研究院有限公司从事环保工程设计工作，担任双江口水电站、猴子岩水电站副设计总工程师。主要负责和完成鱼类增殖站、污水处理厂、垃圾焚烧厂、餐厨垃圾处理厂、噪声治理等领域工程设计。负责的藏木鱼类增殖放流站为国内高海拔地区较早的增殖站之一，项目荣获 2014 年度电力建设科学技术进步奖三等奖、2015 年度水电行业优秀工程设计三等奖。

陈贵斌，男，硕士研究生，环境影响评价工程师，高级工程师，重庆渝劼源环保咨询有限公司总经理。主要从事环评、竣工环保验收、场地调查、环保规划等工作，先后主持及参与完成各类项目76项，担任了17项省部级项目的负责人（项目全部通过环保审批部门的审查），并荣获煤炭行业（部级）优秀工程咨询成果奖二等奖2项、重庆市优秀工程咨询成果奖三等奖1项。代表性成果：万州盐气化工园区拓展区、江津区职教创业基地、巫溪县工业园区尖山组团等区域性环评工作；重庆鸡冠石污水处理厂提标升级改造工程、重庆市鱼嘴（九曲河）污水处理厂及配套管网工程、重庆涪陵龙桥工业园区污水处理厂工程等“三废”处理类环评工作。

陈亮，男，西华师范大学环境工程专业毕业，工学学士。2009年7月参加工作，现任眉山市汇泽环境有限公司总经理兼公司环境教育基地负责人，眉山市东坡区益民供排水工程管理有限公司水质检测中心经理。主要从事水环境治理工作，主攻市政污水处理设施投资、建设、运营，磷石膏渗滤液处理设施建设、运营；研究方向为小型生活污水处理设施集约化控制及资源化、农村生活污水处理工艺的优化、磷石膏渗滤液处理工艺的优化、环境教育与科普。

唐娅，女，博士（在读），副教授。西华师范大学环境教育中心副主任，环境教育协会（全国高校百强学生社团）指导教师。从事环境科学专业教学二十年，主讲“大学环境教育”“环境工程学”“环境统计学”等课程，指导本科生参加国家、省级各类学科竞赛，获得各类奖项 50 余项。研究领域主要为生态环境保护、中小学生态环境教育与科普，主持四川省科技厅项目 2 项、四川省环境科学学会科普项目 1 项、南充市“十三五”社科规划课题 1 项。获四川省普教教学成果奖三等奖 1 项，西华师范大学高等教育教学成果奖二等奖 2 项。获得“西华师范大学师德先进个人”“四川省大学生环保科普创意大赛优秀指导教师”“‘大学生在行动’优秀指导教师”等荣誉称号。

前言

PREFACE

党的十八大以来，党和国家十分重视生态文明建设和美丽中国建设，先后将“生态文明”写入党章（2012 年）、宪法（2018 年）。2018 年，党中央召开全国生态环境保护大会，正式确立习近平生态文明思想。2020 年，确定到 2035 年基本实现美丽中国建设目标；同年，提出“二氧化碳排放力争于 2030 年前达到峰值，努力争取 2060 年前实现碳中和”的目标。“绿水青山就是金山银山”理念深入人心，我国生态文明建设发生历史性、转折性、全局性变化。为推进生态文明建设和美丽中国建设，2015 年年底，在环境教育专家何平均老师的建议下，西华师范大学在已有生态环境实习基地的基础上，携手中小学等共建环境教育基地，组建四川环境教育 1+N 联盟（以下简称“联盟”），旨在通过指导、研究、推广、平台建设，把四川环境教育做大做强。

西华师范大学于 2010 年成立环境教育中心，开始开展环境教育与科普工作，促进大中小学生等养成自觉的生态环境保护习惯。2015 年，为了让更多的中小学、生态环境单位开展环境教育与科普工作，在四川省自贡市发起成立联盟。截至 2021 年 12 月，联盟 100 余家成员分布在四川、重庆、云南、西藏、山东、上海 6 个省（自治区、直辖市），在四川省内分布于成都、南充、广元、巴中、达州、广安、德阳、遂宁、资阳、自贡、泸州、宜宾、雅安、凉山 14 个地市州。在联盟成员中，有 12 所中小学为国际生态学校，有 24 所为四川省绿色学校。联盟组建以来，形成了“10+20+100”队伍、“5+2”科普点、“6+1”活动、“三个一”平台、“双微一群一网一手册六简报”渠道，取得了较好的示范和引领作用。

联盟遵照四川环境教育 1+N 联盟公约，积极开展环境教育与科普活动，通过微博、微信、官网、报纸等渠道，记录和分享实践与创新成果。《四川环境教育 1+N 工作简报》收集和整理联盟成员的报道，共 32 期 295 篇。本书通过收集、整理、分类，形成四川环境教育 1+N 概述、人才队伍、科普站点、特色活动、交流平台、传播渠道等章节，内容丰富、形式多样、设计新颖、实用性强。本书较完整地展现了联盟多年来的实践与创新成果。取得的成绩只能代表过去，生态文明建设和美丽中国建设目标实现、“碳达峰、碳中和”目标达成、融入成渝地区双城经济圈有待我们继续努力，发扬优势，避免不足，携手共创天蓝、地绿、水清，为生态文明建设和美丽中国建设贡献环境教育与科普力量。

感谢中国环境科学学会、生态环境部宣传教育中心、四川省环境科学学会、四川省生态环境宣传教育中心、西华师范大学的关心，感谢联盟 100 余家成员的支持，感谢西华师范大学环境科学与工程学院、地理科学学院、生命科学学院、化学化工学院、物理与天文学院、环境教育中心、环境教育协会的参与。

由于编者水平有限，书中错误在所难免，恳请读者不吝赐教。

李友平

2023 年 6 月

目录

CONTENTS

第1章

四川环境教育 1+N 概述

1.1　四川环境教育 1+N 由来

四川环境教育 1+N 联盟是指 1 所大学（西华师范大学）与 N 所（家）中小学、生态环境单位携手开展环境教育与科普宣传、打造环境教育品牌的联盟组织。西华师范大学已与多所中小学、多家生态环境单位共建环境教育与科普基地，开启四川环境教育 1+N 模式。2015 年 12 月，共建环境教育与科普基地签字授牌仪式在四川省自贡市蜀光绿盛实验学校举行，四川省自贡市富顺县华英实验学校等学校成为共建合作单位。

西华师范大学与多所中小学签订了共建环境教育与科普基地协议，并颁发了顾问、协调员聘书。未来，西华师范大学将发挥自身优势，为中小学、生态环境单位绿色创建提供指导，并与之共同开展环境教育实践与课题研究，提供交流和学习平台，推广实践经验。

■ 西华师范大学与 5 所学校签订环境教育合作协议　四川省环境教育开启 1+N 模式

2015 年 12 月 30 日下午，西华师范大学与四川省自贡市旭川中学、四川省自贡市富顺县华英实验学校、四川省自贡市富顺县富世镇西湖幼儿园等

5 所中小学、幼儿园共建环境教育与科普基地签字授牌仪式在四川省自贡市蜀光绿盛实验学校隆重举行，开创了四川环境教育 1+N 模式。

什么是 1+N 模式？即西华师范大学 1 所大学与 N 所（家）中小学、生态环境单位合作开展环境教育活动，努力打造四川省环境教育的品牌。此次合作共建是环境教育与科普基地的强强联合，对参与的各方都是一次创新发展、绿色发展的大好机遇，是四川省环境教育单位的相互配合和胜利会师。师范大学与中小学共建环境教育与科普基地，不仅在四川省是一种全新尝试，而且在全国也是一种创新探索，对推进青少年环境教育有积极作用，期待取得丰硕成果。

在授牌仪式上，西华师范大学环境科学与工程学院党委副书记廖运文简要介绍了学校、学院及环境教育与科普基地的相关信息，并表示将立足环境教育之本，加强基地自身建设并做好环境教育与科普工作。本次的 5 所中小学、幼儿园校长（园长）各自与大家分享了环境教育与科普工作的经验与特色，表示十分高兴与西华师范大学合作，以更好开展环境教育与科普工作。

此次，西华师范大学分别与 5 所中小学、幼儿园签订了共建环境教育与科普基地协议，授予“西华师范大学环境教育与科普基地”牌，颁发顾问、协调员聘书。

接下来，西华师范大学将发挥自身优势，为中小学、生态环境单位创建四川省环境友好型学校、四川省中小学环境教育社会实践基地提供指导；与中小学、生态环境单位合作开展环境教育实践与课题研究；将共建环境教育基地的中小学、生态环境单位各自的环境教育经验在四川省内推广；为中小学、生态环境单位提供交流和学习平台。同时，希望更多的中小学、生态环境单位加入 1+N 环境教育模式。

（摘自四川省生态环境厅官网）

1.2　四川环境教育 1+N 简介

四川环境教育 1+N 联盟是指 1 所大学（西华师范大学）与 N 所（家）中小学、生态环境单位携手，通过教育实践和科普活动等助力生态环境保护和生态文明建设的环境教育公益组织。为了加强四川环境教育，携手共创天蓝、地绿、水清，促进共同发展，特此制定四川环境教育 1+N 联盟公约，条款如下。

1. 成立本单位环境教育与科普领导小组。
2. 定期开展环境教育与科普活动。
3. 参加环境教育与科普竞赛。
4. 参加环境教育与科普教师培训。
5. 参加环境教育与科普研讨会。
6. 发表环境教育与科普报道。

四川环境教育 1+N 联盟：5 家成员荣获国际生态学校绿旗荣誉

近日，生态环境部宣传教育中心公布 2020 年度（第十批）国际生态学校绿旗认证名单。西华师范大学环境教育与科普基地以及四川环境教育 1+N 联盟成员成都市龙泉驿区客家小学校、成都市龙泉驿区跃进小学校、成都市实验小学文苑分校、四川师范大学附属实验学校和云南大学附属中学 5 所中小学名列其中。这 5 所中小学积极创建国际生态学校，严格按照“七步法”开展生态文明教育，将生态环境理念融入行动，打造出了良好的绿色生态校园，经国际环境教育基金会的国际标准审核，取得了优异成绩。据统计，参与四川环境教育 1+N 联盟的 45 所学校中，已有 12 所学校获得国际生态学校绿旗荣誉。西华师范大学环境科学与工程学院副教授、环境教育中心副主任唐娅说，四川环境教育 1+N 联盟将通过“两创建三竞赛”模式进一步推进学校生态文明教育、生态环境科普工作，为美丽中国做出应有贡献。

据了解，国际生态学校项目由国际环境教育基金会发起，生态环境部宣传教育中心实施，为落实《全国环境宣传教育工作纲要（2016—2020 年）》提出的“推进学校环境教育，培育青少年生态意识”的要求，促进更多师生成为建设美丽中国的行动者。

（摘自四川新闻网）

1.3　四川环境教育 1+N 成员

四川环境教育 1+N 联盟成员立足四川省，辐射全国，主要来自中小学、生态环境单位，涵盖 6 个省（自治区、直辖市），其中涵盖四川省 19 个地市州，截至 2021 年 12 月成员共计 103 家。

山东省济南回民中学举办生态文明教育培训会暨西华师范大学环境教育基地授牌仪式

为增强教师的生态文明意识、开阔环境教育视野，2020 年 1 月 16 日上午，山东省济南回民中学在录播教室举办生态文明教育培训会暨西华师范大学环境教育基地授牌仪式（以下简称“培训会”）。会议由山东省济南回民中学副校长张诚伟主持，西华师范大学环境科学与工程学院副院长、环境教育中心主任李友平教授作了题为《主动用心持续做生态文明教育》的主题报告。山东省济南回民中学中层以上干部、各年级主任及委员、各教科室主任以及无课的所有教职员工参加了此次会议。

在培训会上，老师们共同享受了李友平教授带来的这场生态文明教育的盛宴。李友平教授作为西华师范大学环境教育中心主任、环境教育协会指导教师，已从事生态文明教育工作十余年。他在介绍西华师范大学环境教育中心的发展概况、“国家生态环境科普基地”建设情况、师资队伍、硬件设施的基础上，重点阐述了四川环境教育“6+1”模式环境教育与科普活动，及其“三个一”交流平台、“双微一群一网一手册六简报”传播渠道，全面介绍了四川环境教育 1+N 联盟，即西华师范大学 1 所大学与 N 所（家）中小学、生态环境单位合作开展环境教育，打造环境教育的品牌。他指出西华师范大学正充分利用环境科学教育资源，积极指导项目学校重点围绕生活方式绿色化，结合地方和学校实际研究实施细则和行为准则，开展绿色创建活动，与之共同开展环境教育与实践课题研究，提供交流和学习平台。李友平教授在报告中提到，“我们还将和共建学校开展创新竞赛、环保宣传等一系列活动，争取做到每校有特色，每项出成果，促进项目学校创新、绿色发展”。

什么是环境教育？为什么要做环境教育？如何做环境教育？李友平教授在赞扬山东省济南回民中学的环境教育时，特别强调环境教育可以促进学生全面发展；生态文明建设是环境保护中的关键一环，当今社会的生态文明建设需要所有人共同努力。西华师范大学和山东省济南回民中学共建环境教育基地，并授予“西华师范大学环境教育基地”牌。双方举行了授牌仪式，山东省济南回民中学副校长张诚伟与西华师范大学李友平教授签订了共建协议。

最后，李友平教授向山东省济南回民中学教师展示了环境教育的学科教学设计模板，希望各学科教师在进行学科知识教学时可以同步渗透环境教育，并能够用固定的模式设计好教学方案，最终形成教育教学成果。

环境教育与科普永远在路上，山东省济南回民中学将抓住此次契机，进一步加强环境教育与科普研究，并利用联盟的平台把本学校优秀的做法与经验更大范围地传播出去。

（摘自山东省济南回民中学官网）

四川栗子坪国家级自然保护区管理局牵手西华师范大学共建环境教育基地

2020 年 7 月 20 日，记者从四川栗子坪国家级自然保护区管理局获悉，近日，四川栗子坪国家级自然保护区管理局、石棉县坤鑫文旅有限公司正式加入四川环境教育 1+N 联盟，将携手西华师范大学共建环境教育基地。

四川栗子坪国家级自然保护区管理局副局长杨毅介绍，自保护区成立以来，在社会各界的帮助下，保护区在大熊猫科研工作、环境教育工作及相关设施建设方面都取得了较大的进步。此次加入联盟有利于更好地做好环境教育与科普工作，更好地发挥环境教育基地的示范作用、纽带作用。

西华师范大学副校长龙汉武说："我们将在环境教育推广、自然教育、人才高质量培养、科研合作项目、未来发展方向等方面进行深入交流及展望，积极为生态文明建设和美丽中国建设贡献力量。"

据了解，四川环境教育 1+N 联盟是西华师范大学与多所中小学、生态环境单位共建环境教育基地，通过教育实践活动等助力生态环境保护和生态文明建设的环境教育公益组织，联盟成员已达 80 余家，遍布四川、重庆、云南、西藏、山东、上海等地。该联盟为环境专业人才培养、科学研究、社会服务、环境教育与科普发挥了重要作用。

（摘自川观新闻）

西华师范大学与南充水投集团嘉东城市生活污水处理有限公司共建实习基地

为使高校学生能够在掌握理论知识的前提下，进一步培养实践能力、创新能力，丰富实战经验，同时结合企业人才培养及专业建设等需求，构建校企合作的桥梁和纽带，2021 年 4 月 9 日下午，西华师范大学与南充水投集团嘉东城市生活污水处理有限公司共建实习基地签字及授牌仪式在嘉东城市生活污水处理有限公司会议室圆满落下帷幕。

西华师范大学教务处副处长张启春，西华师范大学环境科学与工程学院院长黎云祥、副院长李友平等一行 7 人，与南充水投集团党委委员、副总经理温蓉，嘉东城市生活污水处理有限公司厂长肖培民、副厂长徐辉出席了本次签字及授牌仪式。

授牌仪式上，温蓉就嘉东城市生活污水处理有限公司基本情况进行了介绍。她强调，企业与高校进行合作具有重要的现实意义，是贯彻科教兴国和

人才强国战略、促进和谐社会建设的有益实践和重要举措。企业的发展离不开高素质的人才，希望能通过实习基地的建立，依托西华师范大学专业优势和师资力量实现高校和企业的紧密联合，形成优势互补、互利共赢的局面。

随后，黎云祥发言指出，西华师范大学环境科学与工程学院创建于 2015 年 4 月，是四川省本科人才培养基地。环境科学专业和环境工程专业均被纳入省级卓越工程师教育培养计划，环境科学专业为省级特色专业，环境工程专业为四川省首批应用型示范专业。学院师资队伍强大，教学经验丰富，现拥有教职工 60 名，其中有博士 46 名（包括在读）、硕士 13 名。希望通过本次合作，真正达到企业与学校资源共享、共同发展的目标。

仪式结束后，一行人参观了嘉东城市生活污水处理有限公司实习基地，对生活污水处理过程进行了详细了解。据悉，目前正在修建的嘉东污水处理三期项目建成后，污水处理能力将达到 10 万 t/d，将极大地改善周围水体环境，对治理水污染、保护当地流域水质和实现生态平衡起到重要的作用。

（摘自四川新闻网）

第2章

四川环境教育1+N人才队伍（“10+20+100”）

2.1 环境教育中心

西华师范大学环境教育中心成立于2010年9月，旨在通过环境教育与科普，促进大中小学生养成自觉的生态环境保护习惯。西华师范大学被命名为“国家生态环境科普基地”“川东北环境教育与科普基地”“四川省生态文明普及基地”“四川省中小学环境教育社会实践基地”“四川省中小学生研学实践教育基地”。现有外聘专家10名、专（兼）职教师20名以及环境教育协会志愿者 100 余名。建有污染防治实验室、生态环境教育馆、地理标本馆、生物标本馆、大气综合监测站 5 个校内生态环境科普点，污水处理厂、垃圾焚烧发电厂 2 个校外生态环境科普点。

定期在世界水日（3 月 22 日）、世界地球日（4 月 22 日）、全国科技活动周（5 月的第三周）、世界环境日（6 月 5 日）、大学生在行动环保科普活动周（7 月）和全国科普日（9 月）开展环境教育与科普活动，长期开设生态环境课堂。已与 100 余家中小学、生态环境单位共建环境教育基地，成立四川环境教育 1+N 联盟；搭建大学生环保科普创意大赛、中小学环境教育教师培训、环境教育与科普研讨会 3 个交流平台；建有“双微一群一网一手册六简报”传播渠道。

在《世界环境》等期刊上发表论文 10 篇；承担“中小学生态文明教育综合评价”等项目 12 项；出版《小学环境教育学科同步渗透教学设计》等教材 2 部、《奋进的五年——环保科普大学生在行动》专著 1 部；“中小学幼儿园环境教育 1+N”模式获四川省普教成果三等奖。通过“请进来”+“走出去”，有超过 60 000 名大中小学生接受了环境教育与科普，受到《中国环境报》等媒体的广泛关注，各类报道达 120 多篇。教师获“全国环保科普先进个人”“全国十佳志愿者”“全国科技活动周示范活动先进个人”“全国百名最美生态环保志愿者”“四川省首届十大绿色先锋”“四川省教育改革创新发展典型案例教师”“四川省科技系统先进个人”等荣誉 120 余项。

西华师范大学环境教育中心全体成员主动、用心、持续开展环境教育与科普，全力打造全国具有较大影响力的环境教育中心，携手共创天蓝、地绿、水清！

西华师范大学获批成为四川省中小学环境教育社会实践基地

近日，根据四川省环境保护厅、四川省教育厅发布的《关于第二批“四川省中小学环境教育社会实践基地”命名的决定》（川环发〔2016〕5 号），西华师范大学（以下简称“我校”）被批准为四川省中小学环境教育社会实践基地。

据悉，我校环境教育中心筹建于 2010 年 9 月，依托环境科学与工程学院、化学化工学院、生命科学学院和地理科学学院。在教务处、科技处、社科处等部门的支持配合下，于 2013 年 1 月被四川省南充市环境保护局授予“南充市环境教育基地”（南市环〔2013〕21 号）。环境教育中心通过开设“大学环境教育”全校公共选修课、指导环境教育协会学生社团、组织校内外环境教育与科普活动、开展中小学环保课堂、成立垃圾分类银行、主持四川省 1+N 环境教育项目等举措，做好、做实环境教育与科普工作，积极为环境保护和生态文明建设服务。

（摘自西华师范大学官网）

国家环保科普基地授牌仪式在西华师范大学举行

2018 年 6 月 26 日下午，国家环保科普基地授牌仪式在西华师范大学举行。在仪式上，西华师范大学常委、副校长刘进率先致辞，莅临祝贺的四川省环境科学学会副会长陈维果提出四点建议。仪式由西华师范大学党委常委、副校长李敏主持。

在感谢大家对四川环境教育 1+N 的大力支持之后，西华师范大学常委、副校长刘进简要介绍了学校历史及其环保科普工作，并对生态环境教育馆建设提出了具体要求；环境科学与工程学院副院长、环境教育中心主任李友平从环境教育中心、四川环境教育 1+N 及其交流平台 3 个方面介绍了环境教育与环保科普工作，并提出了精准科普、科学研究、环境教育地图等发展方向。

在感受到校方对环保科普工作非常重视后，四川省环境科学学会副会长陈维果首先对今次授牌表示祝贺。随即，他还对学校的国家环保科普基地建设提出了四点建议：一是不断升华环保科普工作、要联合更多的环保单位；二是加大基地宣传力度，将其做成品牌；三是加强理论研究，编写环保手册和环境教育指南等；四是壮大环保科普队伍，加快专业人才的培养。他还表示，四川省环境科学学会将一如既往地支持西华师范大学国家环保科普基地建设。

最后，陈维果为西华师范大学国家环保科普基地授牌。本网前期报道显示，生态环境部、科学技术部联合发布了第六批国家环保科普基地名单，名列其间的西华师范大学更是其中唯一的高校单位。“国”字头环保科普基地再一次落定四川之际，四川新闻网记者发现，西华师范大学就此成为四川省唯一获此殊荣的大学。

（摘自四川新闻网）

四川省南充市新增 2 个省级科普基地

近日，西华师范大学天文科普教育基地、川东北环境教育与科普基地被四川省委宣传部、四川省科技厅和四川省科协联合认定为 2019 年四川省第十一批省级科普基地。

据了解，西华师范大学天文科普教育基地以特色天文建筑、各类天文学设备为基础，增设天文知识展板、天文设备展厅，通过开展路边天文夜、天文露营、科普进校园、科普支教、天文竞赛、星空摄影、科普开放日、天文科普讲座、天文学公选课、天文读书报告等科普活动，打造科技科普主题校园环境，营造高校天文科技文化氛围，推进以西华师范大学天文系全体师生为主体、西华师范大学天文协会为主要窗口的科普教育一体化阵地。

西华师范大学天文科普教育基地致力于培养专业科普人才和业余科普人才。通过整合校内、校外科普教育资源，定期输送基地相关工作人员前往北京、广东、云南等地天文台和天文馆培训学习，定期邀请各大天文台、天文馆科普专家来校开展科普培训，并将科普服务对象拓展至省内各大中小学师生以及社会大众。

目前，西华师范大学天文科普教育基地大力推进天文科普网络平台建设，初步构建网络科普平台，初步实现天文科普信息、天文科普活动信息实时接入和更新，并在此基础上继续推进天文科技科普教育门户网站建立。同时，以天文科普网络平台为载体，搭建与国内各中小学官网、各高校科研院所官网的网络连接，建立天文科普教育数字化资源共享平台，整合各单位特色优势资源，发挥互联网信息化传播优势，实现科技资源最大化利用。

记者了解到，川东北环境教育与科普基地成立于2010年9月，基地建有污染防治实验室、生态环境教育馆、地理标本馆、生物标本馆、大气综合监测站5个校内环境教育与科普点和污水处理厂、垃圾焚烧发电厂2个校外环境教育与科普点，通过环境教育与科普，增强大中小学生的生态环境保护意识，帮助养成自觉的生态环境保护习惯。

川东北环境教育与科普基地定期在世界地球日、全国科技活动周、世界环境日、大学生在行动环保科普活动周、全国科普日开展环境教育与科普活动，长期开设生态环境课堂；与64个中小学校、生态环境单位共建环境教育基地，成立四川环境教育1+N联盟；搭建四川省大学生环保科普创意大赛、中小学环境教育教师培训、环境教育与科普研讨会3个交流平台。通过“请进来”+“走出去”，目前超过4.5万名大中小学生接受了环境教育与科普。

（摘自《南充日报》官网）

西华师范大学获批为四川省中小学生研学实践教育基地

近日，据四川省教育厅公布，西华师范大学（以下简称“我校”）环境教育研学实践基地被命名为“四川省中小学生研学实践教育基地”。

环境科学与工程学院副院长、环境教育中心主任李友平表示，我校获批“四川省中小学生研学实践教育基地”，是四川省教育厅对我校环境教育和科普工作的大力支持和充分肯定，基地将会持续开展丰富多彩的研学实践教育活动，着力在提高中小学生的生态环境保护意识并养成自觉的生态环境保护习惯上下功夫，提高中小学生的社会责任感、创新精神和实践能力，从而促进学生德智体美劳全面发展。

我校十分重视环境教育与科普工作，并且成为“全球环境与可持续发展大学联盟成员”“国家环保科普基地”“四川省中小学环境教育社会实践基地”和“川东北环境教育与科普基地”。

（摘自西华师范大学官网）

国家生态环境科普基地评估组到西华师范大学开展现场评估

2021 年 9 月 6 日，国家生态环境科普基地评估组（以下简称“评估组”）到西华师范大学（以下简称“我校”）开展现场评估。四川省委、省政府决策咨询委员会委员、资源和环境专家组组长姜晓亭，四川省科技交流中心副主任明希，四川省环境政策研究与规划院战略规划部主任黄庆，四川省环境科学学会秘书长胡颖铭参加评估会议。西华师范大学党委副书记、校长王元君，西华师范大学党委常委、副校长张泽钧参加评估会议。

评估会上，张泽钧向评估组汇报了学校 2018—2020 年国家生态环境科普基地建设情况。他介绍到，西华师范大学自 2018 年 3 月获批“国家生态环境科普基地”以来，以“嘉陵江流域生物多样性保护”“大熊猫生态与保护”为主要切入点，通过构建“在职教师—未来教师—在校学生”的环境教育与科普体系，立足“教师教育”特色带动全学段学生生态文明素养的提升。国家生态环境科普基地建有“10+20+100”人才队伍、“5+2”生态环境科普点、“6+1”环境教育与科普活动、“双微一群一网一手册六简报”传播渠道，全力打造四川环境教育 1+N 联盟、搭建“三个一”（一竞赛一培训一会议）交流平台。

评估组一行对我校国家生态环境科普基地的天象馆、大气监测综合站、生物标本馆、环境污染防治实验室、地理标本馆、生态环境教育馆进行现场走访评估，并听取了基地工作开展情况汇报。评估组认为，我校国家生态环境科普基地生态环境良好、科普能力与水平较高、管理机制健全。评估组从成果丰硕、整合资源、形式多样、形成支撑、培养人才、制度建设、经验交流等 12 个方面，对我校扎实推进国家生态环境科普基地建设，特别是在基础设施、人才队伍、学科建设等方面的成绩表示高度肯定。评估组表示，西华师范大学正积极把国家生态环境科普基地建成展示生态环境保护科技成果与生态文明实践的重要场所，以及向公众普及生态环境科技知识、宣传生态文明建设成就、提高全民生态与科学文化素质的重要阵地，值得赞赏。希望学校进一步依托专业优势，探索创新模式，强化课程建设，突出特色亮点，营造科普氛围。

王元君对专家组的现场指导表示感谢。他表示，西华师范大学高度重视国家生态环境科普基地建设，全员主动、用心、持续开展环境教育与科普，全力打造全国具有较大影响力的环境教育中心。2018—2020 年，我校获批“川东北环境教育与科普基地”“四川省中小学生研学实践教育基地”。已与 100 余家中小学、生态环境单位共建环境教育基地，遍布 6 个省（自治区、直辖市），在四川省内涵盖 19 个地市州。我校将以此次现场评估为契机，结合专家组的意见和建议，不断发挥学校学科专业优势，进一步提升科普服务水平，在全社会形成保护环境、热爱科学的良好氛围。我校还将继续在人、财、物、制度等方面加大支持力度，同时加强管理宣传，提升基地关注度，高质量建设国家生态环境科普基地。

据了解，为准确掌握国家生态环境科普基地运行状况，提升科普基地建设与管理水平，充分发挥科普基地的示范引领作用，生态环境部、科学技术部于 2021 年 7 月起联合对第一批至第六批 75 家已命名的国家生态环境科普基地（其中四川共 10 家）开展综合评估工作。通过基地自评估、推荐单位评估、管理部门评估 3 个程序，对国家生态环境科普基地做出“优秀、合格、不合格”3 个等次评估结论，并向社会公布评估结果。经过前期自评，西华师范大学已接受推荐单位评估。

西华师范大学科技处、环境教育中心、环境科学与工程学院、生命科学学院、地理科学学院以及四川省南充市生态环境局相关负责人陪同评估。

（摘自西华师范大学官网）

西华师范大学国家生态环境科普基地获全国综合评估优秀等级

2021 年 12 月 3 日，生态环境部办公厅、科学技术部办公厅通报了国家生态环境科普基地综合评估结果。西华师范大学等 26 家国家生态环境科普基地积极发挥科普的引领和示范作用，综合评估结果为“优秀”。

根据《国家生态环境科普基地管理办法》和《关于开展国家生态环境科普基地综合评估工作的通知》的有关要求，生态环境部、科学技术部对第一批至第六批 75 家国家生态环境科普基地开展了综合评估工作。西华师范大学作为第六批国家生态环境科普基地、全国唯一的高校国家生态环境科普基地，按照通知要求，由西华师范大学校领导牵头，科技处、环境教育中心负责，相关学院和职能部门配合，通过自评估、推荐单位评估、管理部门评估 3 个程序，获得综合评估“优秀”。

西华师范大学国家生态环境科普基地长期致力于环境教育与科普工作，以“嘉陵江流域生态环境保护”和“大熊猫生态与保护”为主要切入点，通过构建“在职教师—未来教师—在校学生”的环境教育与科普体系，立足学校教师教育特色，带动全学段学生生态文明素养的提升。基地建有“10+20+100”人才队伍、“5+2”生态环境科普点、“6+1”环境教育与科普活动、“双微一群一网一手册六简报”传播渠道，全力打造四川环境教育 1+N 联盟、搭建“三个一”（一竞赛一培训一会议）交流平台。

（摘自西华师范大学官网）

2.2　环境教育协会

西华师范大学环境教育协会（以下简称“协会”）成立于 2014 年 12 月，依托环境教育中心，设教学部、科创部、传播部、会员部、办公室 5 个部门。致力于环境教育与科普，促进大中小学生养成自觉的生态环境保护习惯。定期开展环境教育与科普活动，长期开设生态环境课堂，积极参加生态环境科技创新创业。

协会及成员主动、用心、持续开展环境教育与科普，活动类型丰富，科普范围广泛，实践成果显著。荣获“全国高校百强学生社团”“全国优秀社团”“全国十佳志愿者”等荣誉称号。

协会秉承“绿水青山就是金山银山”的理念，坚持做生态环境保护理念的传播者、生态环境保护行为的带动者，引领更多人加入生态环境保护的大潮中，携手共创天蓝、地绿、水清！

西华师范大学环境教育协会荣获“全国高校百强学生社团”称号

2018 年 6 月 24 日，《中国青年报》揭晓了 2018 年“寻找全国高校百强学生社团”活动获奖名单。西华师范大学环境教育协会荣获“全国高校百强学生社团”称号。“寻找全国高校百强学生社团”活动由中国青年报社主办，来自全国 1 000 余所高校的 2 950 个社团参加评选。经过高校推荐、社团自荐、社团展示、网络投票、技术筛查、专家评审等评选环节后，活动最终从社团影响力、社团活动质量、社团组织建设、社团专业性 4 个方面评选出“全国高校百强学生社团”。四川省仅有 3 所高校的 4 个社团获得此殊荣。

近年来，西华师范大学贯彻落实《学联学生会组织改革方案》要求，深入实施《高校学生社团管理暂行办法》，不断推动学生社团规范发展、繁荣校园文化，充分发挥学生社团在实践育人、文化育人、服务育人等方面的积极作用，促进大学生综合素质提升，展现西华师范大学学生社团风采。

（摘自西华师范大学官网）

西华师范大学环境教育协会参加 2021 年自然亲水教育培训并获资助

2021 年 6 月 8—11 日，由中华环境保护基金会 TOTO 水环境基金主办，重庆市渝中区巴渝公益事业发展中心承办的 2021 年自然亲水教育培训在成都举行。中华环境保护基金会副秘书长房志、东陶（中国）有限公司张茉女士以及 50 余名来自长江流域中小学校、环保组织、学生环保社团的环境教育工作者参加了此次培训，西华师范大学环境教育协会李飞娅、曹冬梅、贺子怡 3 名同学也应邀参加了此次培训。

开班仪式上，通过往届学员和专家分享，从党史学习、长江流域水环境现状、《中华人民共和国长江保护法》的学习和环境教育方法、案例分享等方面明确水环境教育方向，全面提升环境教育工作者的能力。6 月 9 日下午，参会学员分为 3 个小组，贺子怡、李飞娅、曹冬梅 3 人分别分配在“醍醐灌顶”组、“流水不腐”组和“如鱼得水”组。3 个小组分别走进锦江、活水公园、环城生态带开展水环境教育现场示范课程，并进行了经验分享。通过学习，大家认识了成都的锦江，学习河流健康计分卡，为河流健康把脉；同时，走进活水公园，探索活水公园的秘密，了解活水公园的理念和具体设计，观察污水变清、死水变活的过程；再到成都环城生态带上的河湖，学习自然观察的基本方法和自然笔记，开展水鸟观察。6 月 10 日上午，举行了“爱水一课堂”资助活动项目评审会，来自长江流域的 15 支队伍分别进行路演。经评审团的综合评审，西华师范大学环境教育协会等 6 个团队在这 15 支队伍中脱颖而出，获得此次资助，将进一步开展水环境教育相关活动。

此次活动目的为大力推进长江生态环境保护，推动青少年生态环境教育，助力区域水生态环境教育工作，提升校园师生和家长水生态环境保护能力。

（摘自西华师范大学环境教育中心官微）

西华师范大学环境教育协会骨干

届别	时间	主要成员
第一届	2014 年 12 月—2015 年 4 月	李　丹　唐兵兵　羊　莹　向小娇
第二届	2015 年 5 月—2016 年 4 月	李帅东　曾　礼　彭　丹　曾春丽　唐米琦　邹　勤
第三届	2016 年 5 月—2017 年 4 月	刘　欢　唐燕丽　刘　倩　刘　榕　贺全宝
第四届	2017 年 5 月—2018 年 4 月	张　萍　赵陈慧　王小燕　燕文秀　张　运　张予豪

续表

届别	时间	主要成员
第五届	2018 年 5 月—2019 年 4 月	曾　超　韩定美　王　梁　蒋　敏　唐　敏 赵　慧　达玉锋　程政航　周真宇
第六届	2019 年 5 月—2020 年 4 月	杜长芬　潘丽旭　王维甫　赵碧琳　谢双琴 肖　莎　张赖敏　李　敏　李　勇
第七届	2020 年 5 月—2021 年 4 月	刘　良　刘雅琳　袁　浩　袁　渊　高一平 陈燕茹　王杨萍
第八届	2021 年 5 月—2022 年 4 月	李飞娅　曹冬梅　贺子怡　李　伟　王姗姗 周　倩　唐岳琳
第九届	2022 年 5 月—2023 年 4 月	卿小红　赵思琪　祝金焱　郑京川　黄婷钰 凌　群　郭志强
第十届	2023 年 5 月—2024 年 4 月	杨堰澜　罗　莹　雍文慧　陈媛媛　王　新 杨忠云　向婷婷　余晓颜

第3章

四川环境教育1+N科普站点（“5+2”）

3.1 西华师范大学校内环境教育与科普点

3.1.1 污染防治实验室

污染防治实验室环境教育与科普点位于西华师范大学环境科学与工程学院实验室。主要承担基础化学、环境监测、环境微生物、水污染防治、

大气污染防治、土壤污染防治等的教学科研实验，配备了 ICP-MS、高分辨质谱仪、气相色谱仪、高效液相色谱仪、TOC 分析仪等教学科研设备，共计价值 3 000 余万元。

污染防治实验室环境教育与科普点主要为公众展示“水、气、土”3 个方面的污染防治技术，通过公众对污染防治实验室的参观、学习和体验，让公众了解到污染防治基础知识，提高生态环境保护意识，做到减少污染、保护生态环境。

3.1.2 生态环境教育馆

生态环境教育馆环境教育与科普点位于西华师范大学国家生态环境科普基地展馆。围绕嘉陵江流域，从美丽嘉陵江流域、环境污染与生态破坏、环境污染防治与生态修复 3 个方面展开，分为展示区、体验区、交流互动区 3 个功能区。

生态环境教育馆环境教育与科普点主要为公众展示有关优美环境、环境问题、环境污染防治措施等内容，通过公众参观、学习、互动和体验，让公众了解环境虽然很美，但环境问题仍然突出，通过大家的共同努力可以解决环境问题，期望公众积极参与环境教育与科普，共建美丽中国。

3.1.3　地理标本馆

地理标本馆环境教育与科普点为南充市科普基地，位于西华师范大学地理科学学院实验室。拥有丰富的地理标本资源，设有风暴岩、白云岩、泥岩等各种岩石标本，各种褶皱标本，三大类岩石薄片标本，矿物薄片标本，全球古地理演化图，中国古地理演化图，岩石薄片卡片集，地质图，地形图，航空桥式反光立体镜，航空相片，各类地下水埋藏示意图，片筏基础挂图，箱形基础挂图，桩基础挂图，柱下十字形基础挂图以及各种典型地貌模型挂图等。

地理标本馆环境教育与科普点主要让公众认识常见的矿物、岩石、化石等标本，提高公众对矿体、石油、天然气勘查和地质构造的认知，保护生态环境。

3.1.4　生物标本馆

生物标本馆环境教育与科普点为四川省省级科普基地，位于西华师范大学生命科学学院实验室。经过胡锦矗、郑发科、秦自生等专家以及教师们的共同努力，形成了以西南地区野生动物为主的馆藏特色。以假剥制标本、骨骼标本、皮张标本等类型为主，其中拥有两栖类、爬行类、鸟类、兽类等众多标本。

生物标本馆环境教育与科普点主要向公众展示大熊猫、

中华鲟、金丝猴等生物标本，通过公众对生物标本馆的参观、学习和体验，让公众了解生物知识，爱护各种生物及其生态环境，保护生物多样性。

3.1.5 大气监测综合站

大气监测综合站环境教育与科普点是西华师范大学与南充市生态环境局共建的环境空气自动监测超级站。主要由大气污染化学成分监测系统、灰霾污染监测系统、大气颗粒物（气溶胶）理化性质监测系统、大气光学特征监测系统、污染气象监测系统五大部分组成。目前，该监测站能够实现对环境空气中 PM_{10}、$PM_{2.5}$、SO_2、NO_2、CO 和 O_3 等多种指标的全天 24 小时实时在线监测。

大气监测综合站环境教育与科普点主要为公众普及大气环境监测知识，使公众养成关注环境空气质量的习惯，注意减少大气污染，保护生态环境。

3.2 西华师范大学校外环境教育与科普点

3.2.1 南充污水处理有限责任公司

南充污水处理有限责任公司环境教育与科普点位于南充市嘉陵区都尉坝泥溪口，采用先进的污水处理工艺，其设计规模为 6 万 m^3/d。目前已达到设计处理能力，出水水质均达到国家规定的排放标准，为四川省南充市实现减排任务发挥了重要作用。2012 年 2 月，被四川省南充市人民政府授予“节能减排先进单位”；同年 8 月，被命名为“南充市环境教育基地”；2013 年 10 月，荣获“四川省城镇污水处理厂节能减排绩效考核优秀达标示范单位”

称号。南充污水处理有限责任公司建成后极大地改善了周围水体环境，对治理水污染、保护当地流域水质和生态平衡具有十分重要的作用。

南充污水处理有限责任公司环境教育与科普点主要为公众普及水污染防治知识，使公众养成节约用水的良好生活习惯，减少水污染，保护生态环境。

3.2.2　中航工业南充可再生能源有限公司

中航工业南充可再生能源有限公司环境教育与科普点设计选用2台12 MW凝汽式汽轮发电机组，蒸汽冷凝方式为水冷。烟气净化采用SNCR脱NO_x+旋转喷雾半干法+袋式除尘器相结合的烟气净化工艺，并辅以活性炭喷射系统，用于去除二噁英及重金属污染。设备工艺主要有垃圾焚烧发电、凝汽式汽轮发电机、SNCR脱NO_x、旋转喷雾半干法（SDA烧结烟气脱硫）、袋式除尘器以及活性炭喷射。焚烧后产生的废气经处理后达标排放。最终实现垃圾处理“减量化、资源化、无害化”的总体目标。

中航工业南充可再生能源有限公司环境教育与科普点主要为公众展示垃圾焚烧发电技术，普及垃圾焚烧发电知识，提高公众生态环境保护意识，使公众少产生或不产生垃圾，做“美丽中国，我是行动者”的践行者。

第4章

四川环境教育1+N特色活动（“6+1”）

4.1　定期环境教育与科普活动

4.1.1　4月22日世界地球日活动

■　2016年世界地球日环境教育与科普活动在南充市北湖公园举行

2016年4月22日上午，由西华师范大学环境科学与工程学院、环境教育中心主办的2016年世界地球日环境教育与科普活动在南充市北湖公园举行。活动紧扣2016年世界地球日主题“节约集约利用资源，倡导绿色简约生活”，号召广大市民践行绿色生活，加入环保行列中来。南充市科学技术协会副主席苏洪兵等莅临活动现场指导环境教育与科普活动。西华师范大学环境科学与工程学院党委书记廖运文与院长黎云祥也莅临现场指导活动。

南充市广大市民在志愿者的讲解下深入了解环保知识和绿色简约生活，并学习了环保酵素制作方法，让“变废为宝”的观念在实际操作中体现。来自南充十中的同学也积极加入宣传行列中。虽然当日天公不作美，阴雨绵绵，但丝毫没有影响志愿者的热情，活动依旧顺利进行，途中还有魔术协会的精彩表演。参与活动的市民普遍对环保酵素的制作很感兴趣，并对志愿者称赞不已。

我们有且仅有一个地球，活动虽结束，但我们天蓝、地绿、水清的环境梦依旧风雨无阻。据西华师范大学环境教育中心主任、环境科学与工程学院副院长李友平介绍，今后每年世界地球日，中心和学院都会联合更多的政府部门、环保企业和中小学校在北湖公园开展不同主题的环境教育与科普活动，使市民的环保意识和环保行为不断增强。

（摘自四川新闻网）

世界地球日——讲好我们的地球故事

2017 年 4 月 21 日上午 9:30—11:30，由西华师范大学环境科学与工程学院、西华师范大学环境教育中心主办，西华师范大学环境教育协会承办，西华师范大学美术学院艺术系及西华师范大学生物学会协办的“4・22 世界地球日”环保科普活动在南充市北湖公园顺利开展。

此次活动得到了领导的高度重视，西华师范大学环境科学与工程学院党委书记廖运文，环境科学与工程学院副院长、环境教育中心主任李友平，环境科学与工程学院党委副书记杨艳，环境教育中心副主任唐娅莅临现场指导活动。

为响应第 48 个世界地球日主题“节约集约利用资源，倡导绿色简约生活——讲好我们的地球故事”，活动现场以宣传为主。邀请市民分享环保理念，让市民从志愿者眼中认识到不一样的环保；讲解“生态园”模型，利用环保模型向市民展示我们对地球天蓝、地绿、水清的美好愿景；利用老化树叶现场制作叶脉书签，多效利用资源；开展校园垃圾分类银行活动，践行“节约集约利用资源，倡导绿色简约生活”的理念。此外，活动现场设置有奖问答、宣传手册、宣传海报等多种形式来普及环保知识。

据了解，活动现场共发放宣传手册 153 份，赠送书签和小礼品百余份。在与市民的交流中，志愿者收集到市民对于环保的理解和建议，并发现市民的环保意识相比以往有所提高。在与西华师范大学生物学会合办的叶脉书签制作过程中，众多市民亲身体验、现场制作，深切体会到废弃树叶也可“变废为宝”，认识到节约循环利用资源的重要理念。

在这场环保与艺术的碰撞中，利用世界地球日为契机，提高了市民对世界地球日的认知，增强了市民环保意识。此次活动践行了环境教育中心一直以来坚持的“1+N”项目，由一带多，由点到面，全面推行环境教育与科普。环境教育与科普一直在路上。

（摘自四川新闻网）

世界地球日——珍惜自然资源，呵护美丽国土，讲好我们的地球故事

2018 年 4 月 22 日是世界地球日。为传递绿色低碳环保理念，进一步提高市民的环保意识，西华师范大学志愿者在南充市北湖公园广场开展了主题为“4 · 22 地球日垃圾分类倡万家”的大型公益活动。

活动现场，大学生志愿者通过发放宣传资料，讲解宣传展板，向市民传

递废品可回收等知识。市民还可用家中的废旧纸板等可回收物兑换盆栽。当日，许多市民拎着打包好的矿泉水瓶、废纸、易拉罐等物品前来兑换盆栽。一位小朋友说，通过这次活动，他学到了许多环保知识，也意识到了保护自然资源的重要性。

（摘自《南充日报》官网）

种菜、养花、喂动物——这个生态学校不一般

流水潺潺，花果飘香。墙上挂满废旧塑料瓶做的小盆栽，生态大棚里蔬菜长势正旺；水车在欢快地转动，孔雀在悠闲地散步……这里是花园？菜园？还是动物园？

这里是成都市龙泉驿区青龙湖小学校的校园。2018 年 4 月 22 日，在龙泉驿区环境保护局和龙泉驿区教育局联合主办的龙泉驿区“2018 年顶层设计现场会”暨青龙湖小学校“4·22 世界地球日”主题活动上，生机盎然的校园环境、丰富多彩的生态教育课程，给前来参观学习的人们留下了深刻的印象。

青龙湖小学校紧邻青龙湖生态公园，东风渠流经校园。学校针对农村小学的生源特质，利用得天独厚的自然地理环境，提出“生态教育，幸福人生”的办学理念，致力于把学生培养成爱生活、会学习，关注环保、勤于实践的幸福人生创造者。

围墙下、水渠旁、楼顶上、草坪中……学校在每一寸可用之地，因地制宜建起大大小小的种植、养殖园地和科学环保实验基地。在生态智能大棚区，孩子们能体验到种植的乐趣；在科技体验园，孩子们可以进行水质监测，观察生态微缩系统；在百鸟园、动物大本营，与孔雀、其他鸟儿和家禽们做朋友。气象监测站、污水净化池、阳光植物房、“能量循环区”、采摘区……一处处独具匠心的设计，把生态教育资源与学科内容有机融合，让孩子们在大自然中嬉戏，自然地接受生态环境教育的渗透。

尊重自然、顺应自然、保护自然。在四川省环境友好型学校的基础上，2017 年，青龙湖小学校又被授予国际生态学校绿旗，展现出一个四季姹紫嫣红、人与自然和谐相处的田园式生态智慧学校。

成都市龙泉驿区青龙湖小学校校长廖小强认为，推行生态环保教育，不仅培养了学生的科学环保观，对其树立正确的生命观、价值观和良好品格的培养都有益处。

龙泉驿区环境保护局机关党委书记陈伶认为，环保教育要从小抓起。通过小手拉大手，带动家长也参与到环保事业中。在推进生态环保教育方面，青龙湖小学校是一个非常优秀的典型。龙泉驿区环境保护局大力支持该校的环保事业，前后共投入 50 余万元，帮助学校建设水质监测站和其他基础设施。随着龙泉驿区全区环境友好型学校的深入创建和生态教育联盟的建立，环保的绿色种子将会被播撒在更多学生的心中。

（摘自新华社四川频道）

世界地球日　南充志愿者让中国更美丽

2019 年 4 月 21 日，南充市西山广场迎来了一场“世界地球日”纪念活动。此次活动由西华师范大学环境科学与工程学院、环境教育中心联合主办，西华师范大学环境教育协会（以下简称“协会”）承办，西华师范大学社团联合会协办。

活动伊始，就赢得满堂彩。协会志愿者带来的一曲《让中国更美丽》，顿时让歌声响彻整个广场；利用泡沫、塑料袋等材料做出的一场环保服装秀也随即展开……这让过往市民称赞不已。

在致辞中，西华师范大学环境科学与工程学院副院长、协会指导教师李友平表示，世界地球日旨在呼吁全体人类共同行动起来保护我们的地球，我们每个人都应该关心重视身边的环境问题。大学生是先锋，此次科普活动重在向社会宣传环保知识、提高大家的环境素养。

自然资源的概念和类别是什么？对于诸如此类的问题，通过现场设置的“辨花识木”小游戏、线上线下活动、科普小课堂等互动，让参与者更加深入地了解自然资源的可贵。在科普小课堂上，当志愿者讲起南充市的自然资源时，无论是上至七旬的老人，还是下到几岁的孩童，大家都在饶有兴趣地倾听着。

（摘自四川新闻网）

世界地球日 50 周年丨听听家乡音！西华师范大学师生：保护地球

“古有风烟望五津的古渡口，看看这个充满历史气息的地方……”一位同学正在分享其美丽家乡。2020 年 4 月 22 日下午，以“世界地球日 听听家乡音”为题，由西华师范大学环境科学与工程学院、环境教育中心主办，环境教育协会承办的“4·22 世界地球日”主题活动正在举行中。环境教育中心副主任、环境教育协会指导教师唐娅介绍，就一些现实生态环境问题的发现与思考，大家发出了一个共同声音，保护地球是每一个人应有的担当。

今年 4 月 22 日，我们迎来一个不一样的世界地球日。尽管师生分隔各地，但是共同的理念让大家依然聚在一起，“头一盘”采取线上收集作品、讲解、评选来开展活动。在此次活动中，每一位参赛选手向评委及观众讲述了自己的作品，在一次又一次的生态环境之旅中，纷至沓来的是乐山美景、黄龙溪古韵、峨眉秀丽……环境教育中心副主任、环境教育协会指导教师唐娅说：“直播群里虽然只有 50 人，但是通过微博、微信、QQ 群、微信群、网站

等平台就可能影响 500 人。大家不仅要参与，更要行动！”

活动采取线上的方式开展，大家激情依然不减。4 月 15 日以来，关注生物多样性、生态环境保护的参与者，透过精心拍摄的视频、文采飞扬的文章以及精美制作的 PPT，将一份份激情化为作品。

另悉，作为四川环境教育 1+N 联盟成员，西华师范大学附属小学校、南充市五星中学、南充市垃圾分类促进中心、四川师范大学附属实验学校、山东省济南回民中学也同期开展了形式多样、内容丰富的环境教育与科普活动。

每年的 4 月 22 日是世界地球日。今年恰逢世界地球日 50 周年纪念，“气候行动”被设定为全球活动主题。我国地球日的宣传主题为“珍爱地球　人与自然和谐共生”。世界地球日活动旨在唤起人类爱护地球、保护家园的意识，促进资源开发与环境保护的协调发展，进而改善地球环境。

（摘自四川新闻网）

世界地球日丨用创意的方式邀你一起向地球母亲贺寿

2020 年 4 月 22 日是第 51 个世界地球日，山东省济南回民中学精心策划并举办了一场以“相约·地球”为主题的交流分享会，会议面向高三学生和部分“四川环境教育 1+N”群内人士。生态文明教育中心主任朱霞梳理了防疫期间，生态文明教育中心联合政教处利用网络组织的主题活动“我家阳台上的花花草草”，以及丰富生动的环保案例，向师生们传达了前沿的环保理念，也有创意地表达了对地球母亲的爱。活动由政教处万盛国主任主持，校长杨长寨作了总结发言。

朱霞用亲切的语言，描绘了人类与自然融合的美好画面，并号召大家过低碳环保的绿色生活，努力做到：厉行节俭，心怀敬畏！吃五谷杂粮，穿天然布衣！住节能住宅，行无车之旅！

然后，通过讲述建筑设计师黄谦智创作塑料大楼的故事，让师生们懂得环保需要智慧，技术可以改变世界，我们花费大量精力去降解塑料，让大自然“消化”垃圾，其实可以反其道而行之，让垃圾变废为宝，变成有用的资源。在讲述过程中，朱老师给同学们一个小小的任务：做一件小事，去关注一粒种子的成长、一朵花儿的绽放；或是观察一件商品的包装、一件旧衣服的去向……引领同学们关注生态文明，绿色环保从点滴做起。

校长杨长寨真诚地总结发言，诉说我们的诗意生活被疫情无情打断，作为地球的子民，应该回馈地球母亲，就像植物要回馈大地一样，生长于斯，回馈于斯。我们要维持地球的整体生态平衡，让子孙后代既能享有丰富的物质财富，又能遥望星空、看见青山、闻到花香。

（摘自山东省济南回民中学微信公众号）

第 52 个世界地球日系列环境教育与科普活动举行

2021 年 4 月 22 日是第 52 个世界地球日，主题为“珍爱地球　人与自然和谐共生”。为宣传习近平生态文明思想，引导全社会树立“尊重自然、顺应自然、保护自然”的生态文明理念，4 月 18 日至 22 日，西华师范大学环境教育中心开展了世界地球日系列活动。

4 月 20 日下午，由西华师范大学环境教育中心主办，西华师范大学环境教育协会、川北医学院绿诺风线环保社、西南石油大学南充校区生命绿舟协会与西华师范大学幼儿园、西华师范大学附属小学校、南充五中、南充市五星中学、南充市华凤学校承办的“4·22 世界地球日”活动启动仪式在华凤学校举行。华凤学校德育主任李辉主持启动仪式，西华师范大学环境科学与工程学院、环境教育中心教师代表，3 个高校环保社团的志愿者代表，营山县希望初级中学校副校长方国强一行，中小学师生代表等 80 余人参加了启动仪式。

启动仪式后，以“碳达峰、碳中和”为主题的生态环境课堂在此开展。环境教育协会志愿者赵思琪从 4 月 22 日这个日期入手，引出世界地球日，再从现今环境问题引入本次课堂的主题——“碳达峰、碳中和”。接着，赵思琪让同学举手回答低碳生活的方式，同学们都很积极。为了加深同学们对课堂内容的印象，志愿者们组织学生玩“你比我猜”小游戏，题目都为本堂课同学们所学内容。一堂生动有趣的生态环境课在同学们的欢声笑语中结束了。志愿者告诉同学们，希望大家以后能做到低碳生活，为保护生态环境贡献力量。

同日下午，8 名来自环境教育协会的志愿者到南充五中开展以“碳达峰、碳中和”为主题的生态环境课堂。志愿者张颖在自我介绍后，以问题、视频以及图片形式引出主题，将世界地球日作为背景，逐层深入，使“碳达峰、碳中和”理念深入每个同学的内心。为了加强学生对碳排放的理解，志愿者在课程中还安排了生动有趣的互动环节。志愿者在向同学们发出低碳生活的倡议后，向大家表示了真诚的谢意，并且在发放奖品后，各位志愿者与学生合影留念，一场生动有趣的生态环境课堂到这里就结束了。

4 月 21 日下午，8 个准备充分的志愿者来到南充市五星中学开展以世界地球日为背景，将“碳达峰、碳中和”作为主题的生态环境课堂。志愿者以问题、视频及图片开头，以世界地球日为背景，层层深入，引出“碳达峰、碳中和”。为了让课堂生动有趣，志愿者加入了互动环节，调动了同学们的积极性，并且同学们都很积极主动地回答问题。一堂课很快就结束了，同学们还意犹未尽，纷纷表示这样的生态环境课堂生动有趣，还让大家受益匪浅。

与此同时，主题为“绿色生活，低碳有我”的生态环境课堂在西华师范大学附属小学校如期开展。志愿者钟茜悦以“4·22 世界地球日”为切入点，引起同学们对地球日的思考。通过对二氧化碳和温室效应的介绍，呼吁同学们做到绿色生活。志愿者带同学们一起互动，认识二氧化碳。播放干冰实验小视频，同学们看得很认真。随后，志愿者以蔬菜大棚作比来介绍温室效应，并强调了温室效应所带来的严重危害。志愿者问同学们在生活中如何做到绿色生活，课堂氛围达到高潮，同学们积极举手回答问题，并朗读了保护地球的诗。课堂最后，志愿者带领同学们一起画画，为“4·22 世界地球日”做宣传。在欢声笑语中，课堂结束了，钟茜悦呼吁同学们一定做到绿色低碳生活，为我们的地球减轻负担。

4 月 22 日下午，来自 3 所高校的 9 位志愿者以及西华师范大学的权秋梅老师前往西华师范大学附属幼儿园，开展以“保护我们的家园”为主题

的生态环境课堂。志愿者卿小红以问题和图片的形式开头，引出世界地球日，引起小朋友们的兴趣，让小朋友们能够更好地进入主题。为了使小朋友们参与课堂，以环保问答的方式向小朋友们提问，以视频和图片的方式告诉小朋友们低碳生活的知识，小朋友们能够积极参与课堂的问答，也提高了小朋友们保护生态环境、节约资源的意识。志愿者还设置了把可回收垃圾的标志涂上相应颜色的小游戏，既让小朋友们认识了可回收垃圾的标志，也锻炼了小朋友们的动手能力。课堂上小朋友们都积极参与，积极展示自己的作品，也都得到了属于自己的小贴纸。本次活动让小朋友们了解到世界地球日，初步认识到保护生态环境的重要性以及如何保护环境、保护家园。

“世界地球日”即每年的 4 月 22 日，是一个专门为世界环境保护而设立的节日，旨在提高公众对于现有环境问题的认识，并动员公众参与到环保运动中，通过绿色低碳生活，改善地球的整体环境。今年是第 52 个世界地球日，主题为“修复我们的地球——关注地球健康”。本次活动以“修复我们的地球——‘0’碳生活”为主题，通过多校联动的活动方式，在西华师范大学环境教育协会、川北医学院绿诺风线环保社与西南石油大学南充校区生命绿舟协会共同努力下，开展以“碳达峰、碳中和”等为主题的生态环境课堂，旨在引导大中小学生等发现生活中潜藏的环境问题，以及对我们生活的地球造成的危害，增强大中小学生等的环保意识；同时号召同学们在以后的日常生活中，从身边事做起，从小事做起，用自己的实际行动来保护地球母亲，共建美好家园，积极参与到节能减排的活动中。

（摘自西华师范大学环境教育中心微信公众号）

4.1.2　全国科技活动周（5 月的第三周）活动

■ “携手共筑蓝天，共享青山绿水”环保科技文化节

2016 年 5 月 13 日上午，西华师范大学环境科学与工程学院“携手共筑蓝

天，共享青山绿水”首届环保科技文化节开幕式在华凤校区二期体育馆大屏幕下顺利举行。西华师范大学副校长陈涛、教务处副处长苟兴龙、环境科学与工程学院党委书记廖运文、副院长李友平以及该院全体教师及200余名同学到场参加活动。开幕式由学院党委副书记杨艳主持。

精致唯美的环保时装秀拉开了本次活动的序幕。废弃蚊帐、废旧报纸等废弃物在同学们的巧手中摇身一变，纷纷成为集创意、环保于一身的时尚衣裳。

西华师范大学副校长陈涛致开幕词。他代表学校党委向筹备本届环保科技文化节的工作人员表示感谢，并指出面对当今环境污染严重、资源约束趋紧的严峻形势，本届环保科技文化节的举办，结合西华师范大学“十三五”规划，旨在宣传低碳环保理念，增强大学生节能环保意识，提高学生综合素质和实践能力。他希望同学们争做“走向生态文明新时代，建设美丽中国”的实践者，弘扬生态文明主流价值观。

环境科学与工程学院党委书记廖运文讲话并宣布开幕。他简要介绍了本届环保科技文化节的三大板块——科技类、科普类和文化类。他表示，本届环保科技文化节结合学院“以学育人”的教学指导思想，注重学生专业知识技能的培养，强调学生专业知识的实践运用。最后，他希望同学们能积极参与本届环保科技文化节，展现自我风采。

随后，到场领导、教师参观了环境检测仪器、生态模型、环保与艺术作品、“千乡万村”宣传活动、“地球日”宣传活动以及垃圾分类银行这 6 个部分的展示内容，负责同学为其相关作品作了详细讲解。300 余名同学也在现场进行了噪声、大气监测实验，参观生态模型和学院相关特色活动。与此同时，第二场青年教师论坛在西华师范大学田家炳教学楼 A208 室开讲。环境科学与工程学院王涛、蒋晓博士就“水污染防治”的相关内容与百余名师生进行了交流讨论。

据悉，本届环保科技文化节自 5 月起，将历时 1 个月，围绕科技类、科普类和文化类这 3 个部分的主题，开展青年教师论坛、环境监测大赛、环境工程设计大赛、环保手工艺品制作大赛、环保时装秀等一系列活动。

（摘自西华师范大学官网）

校园环保科技文化节——大学生用专业知识倡导环保

2017 年 5 月 13 日，西华师范大学环境科学与工程学院第二届环保科技文化节在华凤校区开幕。大学生们将专业知识充分运用于实践中，积极参与环境监测、环境工程设计、环保手工艺品制作……当天上午 9:00，一场精彩的环保时装秀拉开了活动序幕，一群身着环保时装的大学生模特展示了学生们亲手制作的作品，新颖、别致、环保、时尚的风格赢得了现场观众的热烈掌声。

据了解，本届环保科技文化节包括 3 类活动：科普类（涵盖地球日科普宣传、环保科普创意大赛、环保微课堂、环境日科普宣传、科技展馆开放日、“千乡万村”环保科普行动）、科技类（涵盖环境监测技能大赛、青

年教师论坛、环境工程设计大赛、环保学者论坛、节能减排大赛）与文化类（涵盖环保手工艺品制作大赛、环保时装秀、环保知识竞赛以及“理想与信念”书画作品展）。本报记者看到，活动现场还展示了空气采样器、空气质量检测仪、噪声振动测量仪器等设备。“今年暑期，学院还将组织学生们开展‘走村入户’发放宣传资料、问卷调查以及水污染监测等活动，为农村老百姓普及环保知识。”西华师范大学环境科学与工程学院相关负责人向本报记者介绍。

（摘自《南充日报》官网）

环境教育 1+N 行动：观岩石百态，识自然资源

2017 年 5 月 25 日，西华师范大学环境教育中心科技周活动在西华师范大学附属小学校圆满完成。西华师范大学环境教育协会的志愿者们前往西华师范大学附属小学校，为五年级学生讲解有关岩石与矿物的自然科学知识。

西华师范大学环境教育中心在特有的讲课活动中为中小学生普及环保和自然科学知识。当天，环境教育协会的志愿者们将事先准备好的有关岩石与矿物的资料展示在小朋友们面前，每位小朋友都非常热情地回答志愿者的问题。随后在观察岩石与矿物的过程中，每位小朋友都认真仔细地用放大镜观察岩石与矿物，不肯放过每一个微小的细节。最后，志愿者们与他们一起合影，一起留下了美好的回忆。

此次活动是环境教育 1+N 联盟的又一项具体行动，在积极响应国家号召的同时，通过进行自然资源环保科普，旨在让中小学生认识自然资源现状，在认识自然资源的同时，提高自身的环保意识，从而学会珍惜资源。

（摘自西华师范大学环境教育中心微信公众号）

“携环教新风　植绿色心田”科普活动举行

夏日五月，热情不减！2018 年 5 月 17 日 13:00，在位于四川省南充市的西华师范大学街边可以看见一群“绿衣使者”，他们就是西华师范大学环境教育协会的志愿者们。他们正在前往目的地华凤小学，开展由西华师范大学环境教育中心主办的“携环教新风　植绿色心田”科普活动。

垃圾分类你我他　资源利用靠大家

本次活动以环保课堂的形式呈现出来。华凤小学组织三年级、四年级共计近 80 名学生参加。志愿者们早早来到会议室准备本次课堂式科普。本次的环保课堂共分为两个部分：第一部分是让学生们了解为什么垃圾要分类；第二部分是如何在日常生活中做到垃圾分类。

让垃圾回家　做环保小天使

当日 15:00，在华凤小学李辉老师的带领下，学生们纷纷来到课堂。第一堂课的主讲人赵碧琳老师用温和的嗓音吸引着大家，让学生们对课堂充满了好奇与热情。面对赵老师的提问，学生们积极举手、认真思考。学生们都认真反思了平时在垃圾分类上没有做好的地方。最后，在助教志愿者的一同参与下，赵老师和学生们玩了一个名叫“让垃圾回家”的小游戏。垃圾共有四个“家”：有害垃圾桶、可回收垃圾桶、其他垃圾桶、不可回收垃圾桶。学生们要将相应的“垃圾”卡片放进相应的“家”。

学好垃圾分类　我们都在行动

第二堂课的主讲人潘丽旭老师用优美的嗓音带给学生们“美”的享受——对垃圾分类的认识。她用一件件小事告诉学生们垃圾分类带给世界的美丽，分享了国内外不同的垃圾分类意识，告诉学生垃圾分类迫在眉睫！潘丽旭老师希望学生们可以从小培养起垃圾分类的正确意识，希望大家从小事开始做好垃圾分类。

（摘自西华师范大学环境教育中心官网）

■ 环保社团要创新？南充三高校同台交流

2019 年 5 月 11 日上午，以“携手共创天蓝、地绿、水清”为主题的南充市环保社团交流会在西华师范大学国家生态环境科普基地举行。

来自西华师范大学环境教育协会、川北医学院绿诺风线环保社、西南石油大学南充校区生命绿舟协会的参与人员在西华师范大学华凤校区体育馆集合，在参观了国家生态环境科普基地污染防治实验室、地理标本馆等环境教育与科普点后，大家交流了环保相关知识。

社团如何创新？三个环保社团负责人还分别围绕社团情况、特色活动、成效与问题展开交流，川北医学院绿诺风线环保社指导教师罗杰伟与西华师范大学环境教育协会指导教师李友平参加了交流讨论。李友平老师说，希望通过此次环保社团交流，相互学习，取长补短，共同进步，携手共创天蓝、地绿、水清。川北医学院绿诺风线环保社负责人谢文婷表示，通过此次学习交流，找到自身不足和努力方向，此次交流也增进了小伙伴之间的感情，希望这种交流能够常态化。

（摘自四川新闻网）

“环保公益组织的创设与实践”在线讲座成功举行

2020 年 5 月 19 日下午，由西华师范大学教务处主办，环境科学与工程学院、环境教育中心（国家生态环境科普基地、川东北环境教育与科普基地、四川省中小学环境教育社会实践基地、四川省中小学生研学实践教育基地）

承办的第 162 期西华师范大学教育论坛在网络平台上举行。此次教育论坛的主题是环保公益组织的创设与实践，四川省成都市锦江区绿氧生态环境保护中心理事长刘耀源担任主讲人，西华师范大学环境科学与工程学院师生、四川环境教育 1+N 联盟成员相关人员 120 余人收看论坛讲座。讲座由西华师范大学环境科学与工程学院副院长、环境教育中心主任李友平主持。讲座开始前，李友平简要介绍了主讲人。

刘耀源理事长的讲座分为环保公益机构的介绍、环保公益创业概况、开展工作示例、宣传成效以及政策倡导 5 个部分。他讲到作为一名曾经的环境工程专业本科生、研究生，尊重并热爱自身的专业，希望能用自己的专业知识为社会做一点力所能及的事情。他还讲到，在创业初期遇到了融资难，创业团队过于年轻、浮躁、眼光短浅等诸多问题，但是他坚持不忘初心，坚守“河长制”，坚持服务社会，把握机遇，让环保公益组织融入环境治理体系并贡献了非政府组织力量。

此后，刘耀源理事长通过回答同学们的问题，向大家解释了环保公益组织的相关问题，并为同学们提出了关于环境教育与科普创新创业的有效建议。相信通过这样一场讲座，每一位同学都有所收获，并对今后的学习生活有所帮助。

（摘自西华师范大学环境科学与工程学院官网）

5 月生态环境课堂走进南充市华凤学校

2021 年 5 月 18 日下午，11 位来自西华师范大学环境教育协会的志愿者前往华凤学校开展以“保护我们的家园”为主题的生态环境课堂。

上课之前，每位志愿者都在积极认真准备：主讲人检查课件及视频，摄影工作者调节设备，助教准备物资。一切准备就绪后，等上课铃声响起，开始上课。

主讲人卿小红首先做了自我介绍，解答了同学们的疑惑，然后以提出问题的方式引入主题，以展示图片的方式快速让同学们进入课堂。同学们坐得很端正，上课都认真听讲，积极举手回答问题；主讲人让同学们回答的问题都得到完美回应，同学们得到了小奖励。

为了使同学们更好地了解如何保护环境，以环保问答的方式让同学们对保护环境留下更深刻的印象；以播放视频的方式让同学们知道如何低碳生活，同时也提高了同学们保护环境、节约资源的意识。感谢本次活动中志愿者们的积极配合，让同学们了解了保护环境的重要性与怎样保护环境。最后，志愿者们和同学们合影留念，此次活动圆满结束。

（摘自西华师范大学环境教育中心官网）

4.1.3　六五世界环境日活动

四川环境教育 1+N 项目：世界环境日我们在行动

2016 年 6 月 5 日，既是第 45 个世界环境日，也是第 2 个中国环境日，其主题为“改善环境质量，推动绿色发展”。西华师范大学环境科学与工程学院、环境教育中心围绕此次主题，并结合实际，开展了一系列丰富多彩的环保宣传活动。

从 6 月 1 日开始，“2016 年大学生志愿者千乡万村环保科普行动”志愿者招募活动到今天截止。上午在华凤校区体育馆大屏幕下有 95 名志愿者现场报名确认，接下来将对他们进行面试及培训，他们将参加 7 月在营山县城南镇举行的环保科普行动。活动期间举行了“四川省首届环保科普创意大赛”获奖作品展，共展出来自全省的 33 件获奖作品，其中有 31 件绘画作品、2 件摄影作品，吸引了众多学生和老师前来观看，共同营造参与环境保护。建设生态文明、推动绿色发展的良好氛围。

校内，师生们在积极开展世界环境日宣传活动；校外，大家也在紧张地忙碌着。四川省南充市营山县金华希望学校为了使学生形成主动改善环境的意识，积极践行环保理念，开展了“阳光少年绿色生活”主题活动。上午，在李仁强校长的带领下，50 名优秀少先队员、营山县城南镇文峰村青少年活动基地的学生从营山来到中航工业南充可再生能源有限公司学习。李想工程师认真为师生播放了垃圾焚烧发电宣传视频、讲解垃圾焚烧原理及流程，呼吁同学们热爱环保、重视垃圾分类。同学们边参观边提出“垃圾产生的水怎么处理？排到哪里去了？”等问题，并在留言簿上写下了许多环保愿望。中午，同学们在西华师范大学环境教育协会志愿者的带领下，参观了大学校园，并在食堂吃午饭，践行“光盘行动”。下午，在西华师范大学朝阳楼 213 教室，李友平副教授为金华希望学校的师生上了一堂环保课。李友平老师通过讲解六五世界环境日主题、海报，播放环保微电影，有奖问答，环保倡议等环节，鼓励同学们从小学环保、从小做环保。在李友平老师生动的环保知识讲解中，同学们了解了更多环境保护知识，增强了绿色生活的环保理念。

西华师范大学环境科学与工程学院副院长、环境教育中心主任的李友平介绍，此次世界环境日宣传活动是大学、中小学、环保企业三者的有机结合，是四川环境教育 1+N 项目的又一成功实践。

（摘自四川新闻网）

■ 何平均倡导“校园环境日” 自贡 6 所学校响应创新

“在一年一度‘六五世界环境日’即将到来之际，为了使‘六五’接地气、进校园，促进学校环境教育规范化、常态化，有必要在学校设立专门的‘校园环境日’。”四川省环境教育专家何平均老师倡议。5 月 22 日，四川省自贡市旭川中学启动了首届“校园环境日”系列活动，并举行以“绿色校园，亲近自然”为主题的首届“校园环境日”启动仪式。在启动仪式上，旭川中学政教处、教务处、校团委发出倡议，希望全社会共同关注环境变化，着力践行人与自然和谐共生和绿色发展理念；引导师生积极参与低碳、节能减排的绿色生活，鼓励大家从身边小事做起，共同履行环保责任，呵护环境质量，共建美丽家园。

启动仪式后，旭川中学将围绕“绿色校园，亲近自然”主题，以“六一”儿童节和“六五世界环境日”为契机，立足校园，以校园绿色生活、节水节电、资源循环利用、垃圾减量分类、课内渗透教学、课外专题活动、亲近自然、绿化校园、生物多样性保护等为主要内容，以少儿歌舞、绘画摄影、手抄报、互动游戏、废旧回收作品展、小发明小制作、环保科普调研报告、课题研究小论文等形式，开展系列校园环境科技创新活动。最后，将于“六五世界环境日”集中展示系列活动成果。

这次活动在四川省环境教育专家何平均老师的策划组织下，联合富顺华英实验学校、富顺西湖幼儿园、自贡市旭川中学、自贡市蜀光绿盛实验学校、自贡市沿滩第二小学、自贡市汇西小学6所中小学、幼儿园组成了“自贡市生态文明教育联盟”。据了解，这6所学校大有来头，其中包括2所国际生态学校、4所四川省环境友好型学校。何平均老师还发出倡议，各校设立“校园环境日”，配合“六五世界环境日”和中国环境日，一年一度定期开展活动。在旭川中学首届“校园环境日”活动启动之前，其余5所学校已相继启动开展。

（摘自四川新闻网）

“环保公众开放日”我们在行动

2017年6月2日上午，西华师范大学环境教育中心应邀出席四川省南充市环境保护局举行的“环保公众开放日”环保科普活动，环境教育协会志愿者参与了此次活动。

在南充市环境保护局的组织下，志愿者代表先后参观了南充污水处理有限责任公司和中航工业南充可再生能源有限公司。污水处理公司的工作人员带领大家参观了预处理池、氧化池、絮凝反应沉淀池、高效纤维滤池、消毒池、生物指示池、污泥浓缩压滤机房，并详细讲解了污水处理的运行工艺，使大家对污水处理有了初步认识，其间相关工作人员就参观者提出的关于污水的来源及成分、处理方法及成效、处理后污水的去向及用途等问题进行了详细解答。接下来参观了垃圾焚烧发电公司。工作人员介绍了工厂的模型以及发电厂的工艺流程，运用成熟的垃圾焚烧技术是垃圾无害化、减量化、资源化处理最先进的方式，也是实现资源充分利用、节能减排的重要举措。

本次活动主要是通过参观污水处理公司和垃圾焚烧发电公司，让大家懂得要保护环境，深入理解保护环境是社会赋予我们的责任和义务。在此，西华师范大学环境教育中心向大家发出倡导，要从自身做起，从而带动更多的人行动起来，在我们的日常生活中践行绿色生活。

（摘自西华师范大学环境科学与工程学院官网）

“同学前往，共襄希望”环保励志活动举行

2017 年 6 月 4 日，西华师范大学环境教育中心副主任唐娅老师携环境教育协会 12 名志愿者前往南充市营山县金华希望学校，结合学校的环保科普创意作品展，围绕今年中国环境日“绿水青山就是金山银山”的主题展开环保科普。

志愿者们到达营山县，受到了金华希望学校师生的热烈欢迎，志愿者们与他们交流了环境教育的相关内容。在会上，金华希望学校李仁强、营山县环境保护局郑铭、西华师范大学环境教育中心唐娅、营山巾帼志愿者协会代表纷纷就创建“国际生态学校”发言。李仁强校长在会上强调了环保行为不是做给人看的，它就像吃饭一样应该是我们生活中不可或缺的一部分；唐娅老师就什么是国际生态学校、如何成为国际生态学校进行讲解。会后，学校的老师与同学们带领志愿者、家长们参观了同学们所做的关于环保的手工艺品作品与环保画，这些作品展示了同学们对环保的奇思妙想与理解。

此次营山之行，共发放宣传手册 300 余册，旨在将环境教育带给中小学的学生们和家长们，让“绿水青山就是金山银山”的环保理念深入人心。

（摘自西华师范大学环境科学与工程学院官网）

西华师范大学学生参加 2017 年国际学生环境与可持续发展大会

2017 年 6 月 5 日，世界环境日当天，西华师范大学环境科学与工程学院学生余茂蕾、笪文怡（指导教师分别为李友平、唐娅）代表西华师范大学参加了此次国际学生环境与可持续发展大会，大会在同济大学四平路校区综合楼大厅拉开帷幕。此次大会中，来自全球 30 个国家和地区的近 300 名青年学子齐聚同济大学。

会上，同济大学常务副校长伍江、联合国环境规划署政策协调办公室主任克莱丽丝·威尔森女士分别致辞。伍江教授强调，人与自然的关系与人类的命运紧密相连，可持续发展是当下我们能够与自然共同发展的根本途径。

此次大会响应了世界环境日“人与自然”的主题及我国环境日“绿水青山就是金山银山”的要求，大会聚集了全球多个国家和地区的青年学子，共同探讨了当今全球瞩目的重大环境与可持续发展问题，具有十分重要的意义。

余茂蕾、笪文怡均表示此次参会感受颇多，我们确实还有许多东西需要学习和努力，并表示这真的是一个很好的学习、交流平台，在交流的同时认识到我们自身的不足。

一直以来，西华师范大学环境教育中心都在不断地进行着环境教育与科普。在进行环境教育的同时，也在不断地交流学习，在发挥自身优势的同时，反思自身的不足，真正实现做大做强四川环境教育 1+N。

（摘自西华师范大学环境科学与工程学院官网）

西华师范大学教师李友平荣获四川省首届“十大绿色先锋”

2018 年 6 月 5 日上午，由四川省人大城乡建设环境资源保护委员会、环境保护厅、教育厅、民政厅、住房和城乡建设厅等共同主办的 2018 年世界环境日“美丽中国，我是行动者”四川篇系列宣传活动在成都市举行。西华师范大学环境科学与工程学院副院长、环境教育中心主任李友平被评为四川省首届“十大绿色先锋”，并受邀参加四川省六五环境日活动，四川省环境保护厅厅长于会文为其颁发了荣誉证书和奖杯。

此次评选经过个人申报、学校推荐、资格审查、专家初评、网络投票、专家会评等环节，历时近两个月。李友平致力于环境教育和环保科普 20 载，他牵头成立了西华师范大学环境教育中心和环境教育协会，开启四川环境教育 1+N 模式，建立西华师范大学环境教育基地 60 余家。西华师范大学获批“四川省南充市环境教育基地”、“四川省中小学环境教育社会实践基地”和“全球环境可持续发展大学合作联盟成员”称号，并于 2018 年 3 月被生态环境部、科学技术部正式授予“国家环保科普基地”称号，面向数万人传播环保理念。其个人及团队获得“中国环境科学学会优秀指导教师”“‘十二五’环保科普先进个人”“全国十佳环保志愿者”及四川省普教成果三等奖等荣誉。

（摘自西华师范大学官网）

西华师范大学举办“美丽中国，我是行动者”六五环境日系列活动

2018 年 6 月 5 日是第 47 个世界环境日暨第 4 个中国环境日，每一年的环境日主题都反映出世界各国对环境问题的认知和态度。西华师范大学环境科学与工程学院、西华师范大学环境教育中心、西华师范大学环境教育协会共同举办了以“美丽南充，我是行动者”为主题的六五环境日系列活动。

220 名中小学生参观国家生态环境科普基地——西华师范大学

6 月 2 日、6 月 5 日，营山县金华希望学校、南充十中的 220 名中小学生参观了国家生态环境科普基地——西华师范大学的垃圾分类银行、环境污染防治实验室、地理标本馆、生物标本馆 4 个科普点。在垃圾分类银行，讲解员仔细讲解垃圾分类银行的目的、意义和模式，孩子们用自己带来的废弃塑

料瓶兑换环保积分，在实践过程中学习垃圾分类知识；在污染防治实验室，他们学习水污染防治技术，认识到水资源短缺的现实情况，明白了节约用水的重要性；在地理标本馆和生物标本馆，他们识百态岩石，明地球圈层，看多样生物，知环境生态。中小学生认真听、认真记，不时提问，还通过显微镜仔细观察地质标本、生物标本。

西华师范大学学子张萍受邀参加 2018 年国际学生环境与可持续发展大会

6 月 5 日，2018 年国际学生环境与可持续发展大会在同济大学举行，该大会由联合国环境规划署、同济大学、新华社和北京绿色未来环境基金会共同举办，主题为“塑战速决，让城市生活更美好”。西华师范大学环境科学与工程学院 2015 级学生张萍通过提交《中小学可持续发展教育实践与探究》案例论文及原创海报，顺利获得大会邀请函，指导教师唐娅陪同参加此次大会。来自全球 50 多个国家的 2 000 多名学子参与到这项国际性的活动中，对环境与可持续发展问题进行了深入的讨论，并发表了《环境与可持续发展环球青年同济宣言》，为环境与可持续发展问题在青年学子中的传播做出了巨大贡献。

（摘自西华师范大学官网）

■ 致敬六五环境日　四川最“脑洞大开”之所在：“我是生态环境讲解员”

风云际会，在四川。载歌载舞的男娃娃，把“垃圾分类”主题讲成了一个脱口秀，从大气层说到近地面，大学生把臭氧当作龙门阵摆给现场所有人听；还有一个源于三亿年前的物种、人类十分唾弃的生物——蟑螂正在给我们的厨余垃圾带来处理之道……众多“烧脑”不已的话题，却被“脑洞大开”的他们演绎成一个个好听的故事，这一切发生在 2019 年“我是生态环境讲解员”四川专场选拔赛现场。选手们通过生动的语言，将主题明确、深入浅出的科普知识自然得体地演绎出来。在此起彼伏的精彩之处，不断赢得满堂彩。

四川新闻网环保频道主编卢永洪认为，在喜迎六五环境日之际，这或成为四川最“脑洞大开”的会场之一。

选拔大赛在南充。2019 年 5 月 17 日，2019 年“我是生态环境讲解员”四川专场选拔赛（以下简称“选拔赛”）在西华师范大学新闻传播学院演播大厅成功举行。活动伊始，四川省环境科学学会执行副秘书长胡颖铭与西华师范大学环境科学与工程学院院长黎云祥分别致辞，并为本次活动揭幕。通过选拔，选拔赛共产生两个组别的获奖者若干名。其中，包括少年组一等奖 1 名和青年组一等奖 2 名。

“绿色先锋”纷至沓来。西华师范大学环境科学与工程学院副院长、环境教育中心（国家生态环境科普基地）主任李友平兴奋地表示，他们就是站在环境科普前列的“绿色先锋”。据悉，本次选拔赛由中国环境科学学会指导，四川省环境科学学会、西华师范大学主办，西华师范大学环境科学与工程学院、环境教育中心、新闻传播学院承办，选拔赛分为少年组和青年组。参赛选手主要来自四川环境教育 1+N 联盟学校和企业，其中小学 4 所、高校 6 所、企业 1 家，参赛选手共计 22 名。选拔赛评委有四川省科学技术协会科普部部长郑俊、四川省环境科学学会执行副秘书长胡颖铭、四川新闻网环保频道主编卢永洪、西华师范大学环境科学与工程学院院长黎云祥、西华师范大学新闻传播学院教师王飞。

另悉，选拔赛组委会将择优推荐获奖者参加 5 月 28 日在吉林省长春市举行的全国总决赛。

（摘自四川新闻网）

西华师范大学举办“六五世界环境日”系列活动

2019 年 6 月 5 日是第 48 个世界环境日。西华师范大学作为四川省高校唯一的国家生态环境科普基地，举办了主题为“蓝天保卫战，我是行动者”的系列活动。本次活动旨在倡导全社会积极参与生态文明建设，自觉践行绿色生产和绿色生活方式，以实际行动减少能源资源消耗和污染排放，共同建设美丽中国。

6 月 2 日上午，四川环境教育 1+N 联盟成员、川东北首家国际生态学校——南充市营山县金华希望学校的 120 名师生在李仁强校长的带领下，先后走进南充市环境监测中心站和西华师范大学化学化工学院、化学合成与污染控制四川省重点实验室，开启环境教育与科普研学之旅。

环境监测中心站主任鲁朝旭介绍了监测站、讲解员、参观路线，并强调了环境安全问题；4 名工程师对环境监测的目的、意义、内容进行了详细讲解。孩子们不停地记录，不断地提问，感叹监测仪器设备的先进，惊叹身边的环境质量数据原来出自这里。参观环境监测中心站后，师生们来到西华师范大学化学化工学院，院长廖运文对师生们的到来表示热烈欢迎，重点介绍了化学与环保的关系。志愿者为师生们演示了“大象牙膏”“浪漫的喷泉”“颜色变变变”“酷炫的火焰”等趣味化学实验，一下子引起了同学们的兴趣，很多同学都踊跃举手、参与体验，探究化学的奥秘。随后，化学合成与污染控制四川省重点实验室主任刘全忠为孩子们讲解了无机化学、分析化学、科学教育等的专业知识。

与此同时，西华师范大学环境教育协会、川北医学院绿诺风线环保社、西南石油大学生命绿舟协会3所高校环保社团齐聚西山广场，同唱六五环境日主题曲《让中国更美丽》，悦耳的歌声在整个广场飘荡，过往路人纷纷驻足欣赏拍照。

6月3日上午，六五世界环境日生态环保宣传活动——四川省第二届环境科普大“讲”赛分享交流及研讨会在四川省成都市华阳县举行。西华师范大学环境教育协会的志愿者到现场观摩学习如何更好地开展环境教育与科普。四川新闻网环保频道主编、资深环保媒体人卢永洪从“一小步”“影响更多有影响力的人”“三位一体进社区”三个关键词入手，分享了自己“环保最严肃”“环保最时尚”的理念。四川环境教育 1+N 联盟成员南充市营山县金华希望学校副校长方国强、自贡市富顺县华英实验学校副校长舒天文、成都市西安路小学校教师张丽君、成都市龙泉驿区洪安小学校长白兰逞带来了精彩的四川省“环保大传播”论坛，论坛由成都市龙泉驿区青龙湖小学校校长廖小强召集。西华师范大学报送的作品“搭建四川环境教育 1+N 平台　助力生态文明教育”和“美丽中国，大学生在行动”从325个作品中脱颖而出，荣获二等奖。

据悉，西华师范大学环境科学与工程学院副院长、环境教育中心主任李友平还将受邀参加四川省六五世界环境日活动和天府科普大讲堂活动暨纪念六五世界环境日活动。环境教育协会原理事长曾超同学受邀参加 2019 年国际学生环境与可持续发展大会。

（摘自西华师范大学官网）

关爱自然，刻不容缓

同学们，度过了六一儿童节，我们迎来了6月的第二个重要日子。每年的6月5日是世界环境日，今年的世界环境日聚焦生物多样性，主题为“关爱自然，刻不容缓”。特殊的2020年，特殊的世界环境日，让我们重新审视人类与野生动物的关系，反思自然在我们生活中的作用。

我们每个人都有义务行动起来，从身边小事做起，为保护赖以生存的家园贡献出自己的一份力量。垃圾分类、节能减排、保护野生动物……人类都能为保护环境做些什么呢?

家园只有一个，地球不能复制；山水林田湖草是生命共同体；野生动物是人类的好朋友。同学们，在复学复课的日子，让我们一起行动起来，让这个日子过得更加有意义。

外出旅行时，除了脚印，请什么都不要留下；途经草地、花园时，请绕道行走；离开室内时，请随手关闭电源；碰到珍稀物种，请倍加爱护。让我们一起关注地球、探秘地球，一起节约资源、保护环境，并带动更多的人，让大气更加清新、天空更加湛蓝、植被更加茂密、动物更加多样！让我们像保护眼睛一样保护生态，像对待生命一样对待地球。希望地球母亲下一次“对镜梳妆”时，不再是“黯然神伤”，而是“神采飞扬”!

6 月 5 日世界环境日，请大家铭记一份环保承诺，观看一部环保视频，践行一份绿色行动。

（摘自成都市实验小学文苑分校微信公众号）

2020 年环境日线上系列活动如期举行

2020 年 6 月 5 日是第 49 个世界环境日，主题为“Time for Nature”，这一天也是第 6 个中国环境日，主题为“美丽中国，我是行动者”。由西华师范大学环境科学与工程学院、环境教育中心主办，环境教育协会承办的环境日活动如期举行。由于新冠肺炎疫情影响，本次活动以线上的方式进行，通过网络传播，让更多的人关注环境并践行生态环境保护理念，活动吸引了全校千余名师生参与。

6 月 5 日，环境教育协会小助手（以下简称“小助手”）发布了世界环境日的相关资讯。通过小助手了解到，地球上大约有 800 万种生物，人类只是其中一种，然而高达 100 万种动植物面临灭绝的威胁，许多物种已进入灭绝倒计时。地球是我们共同生存的家园，与人类息息相关，保护自然就是保护人类自己。同时，小助手分享的由联合国环境规划署发布的世界环境日宣传片，让人深刻认识到“关爱自然，刻不容缓”。转发量达到 1 658 次，评论数达 472 个。一个人的力量是渺小的，但一群人的力量是无穷的，相信每个人在阅读这条动态时都会有所感触。

除此之外，同期还举办了环保知识竞赛和环保科普创意大赛。170 多名大学生参与由中国生物多样性保护与绿色发展基金、四川省生态文明促进会主办，我爱竞赛网、中国生物多样性保护与绿色发展基金大学生发展工作委员会承办的第四届全国大学生环保知识竞赛。37 人参与环保科普创意大赛，共提交图片作品 81 张；一张张精心制作的海报、用心拍摄的照片、细心勾勒的绘画，无一不显示着西华师范大学学子对自然的关爱。

（摘自西华师范大学环境科学与工程学院官网）

■ 济南回民中学举行庆祝建党 100 周年系列活动之六五环境日垃圾分类成果共享

为庆祝建党 100 周年，喜迎济南回民中学建校 70 周年，在六五环境日到来之际，2021 年 5 月 31 日，济南回民中学政教处组织全体学生举行“垃圾分类成果共享”活动。活动中，校长杨长寨向各班生态委员发放垃圾回收津贴共计 1 600 余元。

济南回民中学于 2018 年启动国际生态学校项目的同时，建立资源回收总站；2018 年 1 月，开始对可回收物品进行分类回收、集中处理。本次发放的垃圾回收津贴是从 2020 年 5 月以来一年的成果，学生会相关同学每周三、周五最后一节课开放资源回收站，各班生态委员将各班分类回收的纸张、瓶子集中到资源回收站，并在绿色存折上记录数量，按照此数量发放给各班级。据统计，去年一年共回收 1 200 余斤矿泉水瓶、1 300 余斤纸张，分 4 次累计收入 1 600 余元。

此次成果分享对可回收垃圾的再利用奠定了基础，增强了全体师生垃圾分类回收等的环保意识，为学校的绿色发展迈出了坚实的一步。

（摘自山东省济南回民中学官网）

环境科学与工程学院举办 2021 年六五环境日系列活动

为了学习宣传习近平生态文明思想，引导全社会树立“尊重自然、顺应自然、保护自然”的生态文明理念，近日，西华师范大学环境科学与工程学院举办了 2021 年六五环境日系列活动。

生态环境课堂走进四川环境教育 1+N 联盟成员

2021 年 6 月 3 日上午，西华师范大学“一对一”精准帮扶喜德县提升工程生态文明教育系列活动在四川省凉山彝族自治州喜德县光明镇中心小学开展。光明镇中心小学 125 名学生代表和西华师范大学环境科学与工程学院、环境教育中心权秋梅教授及研究生参加了以“垃圾分类”为主题的生态文明教育课堂。权秋梅教授以图片展示、提问等形式引入主题，详细介绍了有关垃圾分类的理论知识，以环保抢答的形式加深同学们对垃圾分类的印象，有效提高了学生对垃圾分类的认识和垃圾分类的实践能力。

6 月 4 日上午，西华师范大学环境教育协会的 9 名志愿者前往四川环境教育 1+N 联盟成员华凤学校，开展以“保护生物多样性”为主题的生态环境课堂。志愿者赵思琪从“什么是物种多样性”“物种多样性现状”“物种锐减的原因”“采取措施以及效果”4 个方面进行讲解，带领同学们写下关于保护生态环境、保护生物多样性的宣言，将课堂氛围推向了高潮。

6 月 4 日下午，为扎实推进生态环境教育进校园活动，广安友谊加德学校 50 余名中学生在老师的带领下，来到四川环境教育 1+N 联盟成员四川省广安生态环境监测中心站，探秘生态环境监测，并动手参与了这一堂别开生面的生态环境监测实践课。讲解员带领同学们参观了实验室，向他们介绍了环境监测项目及原理，现场演示了滴定颜色变化、pH 测试、天平称重等内容。在分组操作酸碱中和反应环节中，同学们通过亲自动手操作、观察颜色变化，学习了简单的化学实验原理，了解了环境监测人员对污染物进行监测分析的过程。

开展环境教育与科普对外交流合作

6 月 4 日上午，西华师范大学环境科学与工程学院黎云祥院长受邀参加由遂宁市生态环境局、遂宁市委宣传部、河东新区管委会共同主办的四川省遂宁市六五环境日现场活动。西华师范大学环境科学与工程学院与遂宁市生态环境局签订了合作框架协议，今后将通过定期互访、项目对接、成果推介、人才定向培养等形式共建信息交流平台，及时了解对方需求，以项目为载体，广泛开展合作，确保战略合作持续深入开展。

6 月 5 日下午，国际学生环境与可持续发展大会在同济大学召开。本次大会由联合国环境规划署和同济大学共同承办，西华师范大学协办，西华师范大学环境科学与工程学院 100 余名师生在线参加大会高峰论坛。此前，大会于 5 月发布了全球环境挑战赛，围绕“生态系统与气候变化”、“人类健康”、“循环经济”和“绿色城市”4 个主题，在全球范围内征集解决方案。西华师范大学环境科学与工程学院学子刘雅琳带领一组 7 人团队积极参加比赛，最终在全球近 1 300 名参赛学生、近 300 份方案中脱颖而出，成为 2021 年国际学生环境与可持续发展大会全球环境挑战赛季军团队。

“大学生在行动”环保科普活动启动仪式举行

6 月 5 日上午，由西华师范大学环境科学与工程学院、环境教育中心主办，环境教育协会协办，主题为“加强生物多样性，助力碳达峰”的 2021 年“大学生在行动”环保科普活动启动仪式圆满落幕，并成功招募多名志愿者。2021 年“大学生在行动”环保科普活动负责人李飞娅回顾了活动相关内容；全国优秀志愿者肖芳芳从 2020 年“大学生在行动”环保科普活动出发，结合六五环境日主题，为观众带来了一场生动、有趣、直观的经验分享；全国十佳志愿者陈燕茹进行了精彩分享，并对 2020 年“大学生在行动”环保科普活动进行了总结。

（摘自西华师范大学官网）

西华师范大学教师李友平获评全国“百名最美生态环保志愿者”

2021 年 6 月 5 日上午，由生态环境部、中央文明办、青海省人民政府主办的 2021 年六五环境日国家主场活动在西宁举行，活动现场揭晓了 2021 年“美丽中国，我是行动者”全国百名最美生态环保志愿者名单。西华师范大学环境科学与工程学院教师李友平被评为 2021 年“美丽中国，我是行动者”百名最美生态环保志愿者，并作为百名最美生态环保志愿者代表受邀参加国家主场活动。

据悉，2021 年 3 月，生态环境部、中央文明办联合启动 2021 年“‘美丽中国，我是行动者’提升公民生态文明意识行动计划”先进典型宣传推选活动。自活动开展以来，社会各界积极响应，政府、企业、社会组织和公众等踊跃参与，展现了全民共建美丽中国的生动场景。经过组织推荐、宣传展示、线上投票、专家审议、网络公示等环节，共计有 94 人被推选为 2021 年百名最美生态环保志愿者。

李友平致力于环境教育与科普 20 余载，他牵头成立西华师范大学环境教育中心、环境教育协会、四川环境教育 1+N 联盟，建立环境教育基地 100 余家，搭建大学生环保科普创意大赛、中小学环境教育与科普教师培训、环境教育研讨会 3 个交流平台，建有“双微一群一网一手册六简报”传播渠道，主动、用心、持续开展“6+1”环境教育与科普活动，有超过 5 万人次参与到环境教育与科普活动中。西华师范大学被命名为“国家生态环境科普基地”“川东北环境教育与科普基地”“四川省中小学环境教育社会实践基地”“四川省中小学生研学实践教育基地”。李友平获得“全国‘十二五’环保科普先进个人”“全国科技活动周示范活动先进个人”“四川省首届十大绿色先锋”“四川省教育改革创新发展典型案例教师”“四川省科技系统先进个人”等荣誉称号。

（摘自西华师范大学官网）

“红色传承”引领“绿色发展”，共建人与自然和谐共生的美丽家园

2021 年 6 月 5 日，四川省南充市营山县希望初级中学校近百名师生在学校支部书记、校长李仁强的带领下，参加了“生态心 · 家国情”为主题的六五环境日活动暨端午节前关爱活动。

营山县希望初级中学校 2019 级学生李金霏在《走进营山文化，点燃学习热情》的主题分享中谈到：“在营山县档案馆任馆长的带领下，我们沿着‘营山记忆，兰台珍档’的‘秀启绥山，波澄朗水’等四个展厅一路行走，历史长廊中一幅幅泛黄的老照片，一个个感人至深的故事，在任馆长的介绍下仿佛一张历史长卷徐徐展开，让我仿佛置身于一个个历史镜头之中，它充分展现了营山悠久的历史、丰厚的人文积淀和优秀的古今人物。通过参观，我明白了绥山朗水的由来，领会到了绥山儿女不畏牺牲、艰苦奋斗的革命精神，进一步加深了对营山历史文化的了解，也进一步感受到了党的光辉历程和优良传统……幸逢新时代，感恩伟大的共产党、感恩伟大的祖国，饮水思源，我定将不负韶华，为实现伟大中国梦贡献自己力量。”

2019 级 10 班学生罗容在《对文化的坚守，对历史的敬重》中写到："今天的研学活动，不仅是游、观、玩、吃。序列化的任务驱动、项目化学习，激发了我的学习兴趣，让我懂得了世事洞明皆学问的道理……营山文化历史内容具体丰富，有感染力，我们于文化中成长、于文化中成熟。认识文化，可以从身边的角落看起，例如从公园的大门看起……面对时代之浪潮，坚守传统文化，需要不畏艰难、不畏困苦的心。"

来自学生绿色小记者站、笔记大自然的同学们在交流中纷纷表示今天的研学活动加深了他们对笔记大自然的理解，他们一定倍加勤奋地学习写作，争取有更多的写作作品发表。

在与部分同学和同学家长的交流中，大家还谈到："学校领导和老师陪我们提前过了端午节，我们觉得很温暖、很幸福，我为我是希望学校的学生而感到自豪。""学校领导利用周末领着孩子参加各项活动，让孩子们体验各种生活，我们深深体会到作为希望中学的学生真幸福。"

6 月 5 日上午 7:40，近百名师生齐聚希望中学弘博广场，通过简单的团建破冰、分组等活动后，4 个分队到达白塔公园、进士文化公园、新时代广场。

大家在白塔公园诵读白塔赋，了解白塔的由来，感悟营山文运文风；大家细观各类动植物，感受大美营山，感悟生物多样性。在进士文化公园，大家瞻仰一尊尊进士塑像，了解他们的生平简历，感悟他们勤苦读书的精神，追忆他们为国效忠、为民请愿的典型事迹、家国情怀和责任担当。在新时代广场，大家细究"为何禁止向湖内放生?"；大家取回水样，详探水质酸碱程度等。大家盛赞营山变化。

当日中午时分，大家共进午餐前进行了餐前分享总结，10 余名来自各小组的同学作了现场分享。午餐的菜品均是学校根据学生爱好精心搭配的，包括凉面、油豆腐等地道的营山特产，也包括学生们喜欢吃的土豆牛肉、梅菜扣肉、宫爆兔丁等，还有富含营山地方文化背景的特色蒸鸡等。进餐过程中，李仁强校长带领学校老师，分桌为孩子们介绍学校选择利用周末和芒种节气，在世界环境日、端午来临之际举办此次活动的重大意义，并用特色蒸鸡的故事勉励同学们要勤于学习、勇于实践、乐于奉献。

午餐结束时，同学们严格按照学校有关国际生态学校的规定，积极落实光盘政策，主动打包带回未吃完的饭菜。

该校副校长李俊杰介绍：“该活动的开展旨在通过深化、巩固我校国际生态学校建设成果，通过小手牵大手的途径唤醒全社会生物多样性保护的意识，牢固树立尊重自然、顺应自然、保护自然的理念，建设人与自然和谐共生的美丽家园的同时，培养学生社会参与、责任担当、家国情怀等关键能力和必备品格。该活动的组织也是我校‘动车机制，树样管理’核心理念由学校到社区再到社会的一次大胆尝试和生动诠释。”

据悉，参加此次活动的同学主要是学校笔记大自然、绿色小记者、气象小记者、屋顶种植、3R 环保银行等生态环境小分队的全体成员及七年级、八年级各班的部分学生代表。学校副校长方国强、李俊杰和学生成长中心干部及生态教育部分指导教师等全程陪同。壹基金儿童服务站、百草园成长营共同协办此次活动。

（摘自营山县希望中学官网）

4.1.4　大学生在行动环保科普活动周（7 月）

■　西华师范大学 2016 年“千乡万村”环保科普行动在城南镇启动

2016 年 7 月 8 日上午 8 时，西华师范大学 2016 年大学生志愿者“千乡万村”环保科普行动开幕式在四川省南充市营山县城南第二小学举行。参加此次活动开幕式的有营山县政府及县教育局、环保局、团委、妇联、发改局、农牧局等部门的领导，城南镇党委、政府领导及各村干部、村民代表，金华希望学校和城南第二小学师生与家长代表以及西华师范大学大学生志愿者 500 余人。四川新闻网、《南充日报》、《南充晚报》、南充电视台等媒体也应邀参加。

此次活动开幕式由城南镇副镇长冉崇高主持。营山县副县长杨素梅为开幕式致辞，她讲到营山县正在创建“国家卫生县城”和“省级园林县城”，“千乡万村”环保科普行动在营山县开展恰逢其时。西华师范大学环境科学与工程学院党委书记廖运文感谢营山县各级部门，城南镇党委、政府，金华希望学校和城南第二小学的大力协助，希望同学们接受锻炼，收获快乐，普及环保！城南镇党委书记杨红瑛欢迎西华师范大学在城南镇各村开展环保科普活动，城南镇将全力支持此次活动，确保活动顺利开展。

为了长期开展环境教育与科普活动，廖运文书记向城南第二小学张翼校长赠送了1个“流动环保书架”及100本环保科普图书，希望“小”书架传递“大”环保，为学校留下环保的精神食粮。随后，大学生志愿者们通过精美的环保时装秀、精彩的魔术表演及《明天会更好》合唱来呼吁大家保护环境从我做起、从小事做起、从现在做起。

开幕式结束后，在指导教师李友平、唐娅、杨艳和有你有我绿色小分队的带领下开展了徒步行走活动，旨在践行绿色生活。今天的开幕式已圆满结束，但是城南镇环保科普行动才刚刚开始，相信在3位指导教师的带领下，在城南镇党委、政府和城南第二小学的大力支持下，在广大村民的积极配合下，在36名大学生志愿者的共同努力下，此次大学生志愿者“千乡万村”环保科普行动一定会取得圆满成功！

据西华师范大学环境科学与工程学院副院长、环境教育中心主任李友平介绍，学院非常重视此次活动，把“千乡万村”环保科普行动作为一项重要工作来抓。今年“千乡万村”环保科普行动在延续去年以中小学为大本营、乡或镇行政村全覆盖、开幕式和闭幕式、“流动环保书架”、环保课堂等内容和形式的基础上，大学生志愿者招募面广人多、新增 2 名指导教师、增设 6 支小分队、得到当地的大力支持、公司企业赞助、中小学志愿者全程参与等都会成为今年的特色。

（摘自四川新闻网）

■　在太蓬山上，一个“环保娃娃”

2016 年 7 月 10 日，西华师范大学 2016 年大学生志愿者“千乡万村”环保科普行动再继续。在乡野间调查走访的过程中，我们遇见了一家人，太蓬山上的“环保娃娃”让我们铭记于心。

穿越崎岖蜿蜒的小路，在一户人家的院子里，正站着一位老奶奶，她远远地见到我们就很热情地招起手来，满脸的笑容让我们感到踏实；穿着简朴的她，头发整齐地挽在脑后，精气神十足。

一边笑着点头致意，一边又转过身朝着屋里喊起来：“强儿，姐姐们来了，把凳子拿出来。”她的话音刚落，只见一名胖胖的小男孩，拿着三个堆起来和他一样高的木头凳子，摇摇晃晃地走出来。小男孩有圆圆的脸，眼睛显得小小的，笑起来时眼睛如弯月，露出两颗大白牙分外惹人爱。交谈起来后，老奶奶略显腼腆，说自己没什么文化，但在面对每个问题时，认真得就像回答老师提问似的，全力投入。

一问一答间，从水资源的再开发，再谈到废弃物的回收利用……突然，小男孩转过身，手指着一个方向跑开了，那灵巧劲儿里透着的全是欣喜，只见他蹦跳、雀跃，但手指方向始终如一。随着他的指引，顺着手指的方向，我们看见一个漂亮的风铃，它悬挂在陈旧的木梁上，随风飘荡着叮叮作响。一边用手比划着，一边念叨着，废弃的易拉罐、纸片和绳子在其讲述中成型了，一切都表明着他的意思：“这是我做的！”在这大山里，我们见到了山里娃用废品自制的风铃，这的确是独一无二的。

在夏日强烈阳光的照射下，虽然墙面像是要掉落似的龟裂着，但木架支撑的墙体仍屹立着，支撑着一面面墙，更撑起一间间土屋。独一无二的风铃，属于这名小男孩；独一无二的风铃，也属于“千乡万村”环保科普行动。恍惚间，风铃声越来越大，在我们的耳边，就像每间土屋的风铃都在起舞一般。

夜里，这里的星空是那么的美，又是那么的亮。在深邃夜空中，犹见老人与小男孩的笑颜。穹顶之下，无论城市、乡村，不管是哪一个角落，都有着为绿色环保、为美丽家园做着小事情的人，就像浩瀚星河里的一颗无声无息的小星星。但他们汇聚成的星河却会是有力且强大的。

在太蓬山上，一个“环保娃娃”，让我们铭记在心。

（摘自四川新闻网）

西华师范大学 2016 年“千乡万村”环保科普行动圆满落幕

作为四川省 2016 年大学生志愿者“千乡万村”环保科普行动的参与学校之一，西华师范大学在四川省南充市营山县城南镇开展了为期一周的活动。7 月 13 日，西华师范大学在该镇大礼堂举行了活动闭幕式，这标志着西华师范大学“千乡万村”环保科普行动圆满结束。

当日上午 8:30，闭幕式正式开始。西华师范大学 4 名指导教师李友平、唐娅、杨艳、朱晓华及 36 名大学生志愿者与营山县城南第二小学、金华希望学校的指导教师及小志愿者，营山县环境保护局、教育局等部门领导，城南镇各级领导干部和村民代表共计近 500 人参加了本次闭幕式。会上，南充市营山县教育局、城南镇党委的领导对本次活动给予了充分肯定和高度评价，并对活动中表现突出的优秀志愿者、优秀指导教师、优秀志愿者家庭进行了表彰。

“这一次我们志愿者的选拔非常踊跃，涉及全校各个学院。”西华师范大学环境科学与工程学院副院长、环境教育中心主任李友平向四川新闻网记者介绍：西华师范大学全校有 125 人参加面试，最终 36 人入选，包括 1 名研究生。李友平表示，自己与其他 3 名指导教师从活动方案制定和细化、乡村的确定、启动仪式、食宿安排到环保科普行动开展、闭幕式举行全过程参与，24 小时陪同。

活动中，城南第二小学 164 人次参与、金华希望学校 3 120 人次参与，其中有很多小志愿者、中小学教师和学生家长，他们不仅学习环保，还积极宣传环保、践行环保。

李友平表示，这次活动中，志愿者们走进了城南镇文峰村、火烽村、前进村、走马村、云雾村、光荣村等 11 个村庄，走访村民近 300 户，在村委会集中宣传 3 次。张贴农药、化肥宣传海报 120 套，发放宣传手册 500 余份，赠送节能灯泡 300 只、环保挂历 300 余份，填写问卷调查 528 份。

闭幕式上，来自城南第二小学、金华希望学校的小志愿者与西华师范大学的大学生志愿者进行了包括体操表演《绿色中国》、朗诵《爱环境，志环保》、情景剧等的文艺汇演。

据了解，今年的“千乡万村”环保科普行动虽然结束了，但是西华师范大学每年的 1 月 1 日环保法律法规宣传、4 月 22 日世界地球日宣传活动、6 月 5 日世界环境日宣传活动、9 月 22 日世界无车日活动、“校园垃圾分类银行”、四川省环保科普创意大赛、四川省美境行动骨干教师培训、四川省环境教育 1+N 项目等内容丰富、形式多样的环境教育与科普活动仍在继续。“我们希望形成人人、时时、处处宣传环保，宣传绿色发展理念，践行绿色生活的良好氛围，共创天蓝、地绿、水清的环境梦。”李友平骄傲地说。

（摘自四川新闻网）

2017 年“千乡万村”环保科普行动前期系列活动举行

西华师范大学“千乡万村”环保科普行动实践队已于 2015 年、2016 年分别在四川省南充市顺庆区新复乡及南充市营山县城南镇开展了为期一周的环保科普活动。2017 年暑假，西华师范大学会继续依托环境科学与工程学院、环境教育中心，总结前两年的经验，结合南充市蓬安县杨家镇现状，开展形式多样的“千乡万村”环保科普行动，现已开展一系列前期宣传准备活动。

现场招募

由中国环境科学学会主办，西华师范大学环境科学与工程学院、环境教育中心共同承办的大学生志愿者“千乡万村”环保科普行动暑期社会实践活动在经过3个月的准备后，于2016年6月初开始招募志愿者，本次暑假社会实践活动面向全校学生，进行为期一周的线上、线下宣传。6月9日上午11:00，本次活动的现场报名在华凤校区成功举行。原已在线上报名的各学院学生积极咨询有关“千乡万村”环保科普行动的具体细节，也有不了解“千乡万村”环保科普行动的许多同学被现场的火热场景吸引，纷纷前来询问并现场报名。参与社会实践活动，不仅可以提升自我的素养，还可以为人生增添不一样的意义。

启动仪式

2017年6月11日15:00，“环保科普，与你同行，千乡万村，有你有我”2016年大学生志愿者“千乡万村”环保科普行动表彰大会暨2017年启动仪式和面试大会于田家炳教学楼A208成功举办。环境科学与工程学院副院长李友平老师、党委副书记杨艳老师，团总支书记李娟老师，2016年与2017年带队教师唐娅和朱晓华老师，专职辅导员陈芳老师莅临现场。

首先，李友平老师为本次活动致开场辞，感谢同学们的积极参与，介绍"千乡万村"活动并祝愿同学们有所收获和成长。其次，2016 年带队教师唐娅老师对 2016 年"千乡万村"活动进行总结，感谢 2016 年志愿者的付出并希望 2017 年志愿者更加努力。再次，杨艳老师宣布 2017 年"千乡万村"活动正式启动。最后，朱晓华老师介绍了 2017 年"千乡万村"环保科普行动，倡导大家"爱环境，志环保，同呼吸，共奋进"，祝愿活动顺利进行、同学们在活动中学习进步。此次活动现场还为 2016 年的"优秀小分队""优秀志愿者"颁发奖状，并为 2017 年"千乡万村"环保科普行动各小分队队长授旗，以及各位领导、嘉宾和工作人员一起合影留念。最后，来到现场的全校近百位志愿者进行了热火朝天的面试大会，各位志愿者都信心满满，对"千乡万村"活动充满激情！

通过此次表彰大会暨启动仪式的开展，将环保意识深刻带入同学们的学习生活中，起到环保教育和宣传的作用，使环保行动成为人们生活中的一种信仰，这样环保事业的明天将更加光明！

前期调研

2017 年 6 月 16 日，在西华师范大学 2017 年"千乡万村"环保科普行动带队教师朱晓华、唐娅的带领下，4 位志愿者队长前往四川省南充市蓬安县杨家镇进行了两小时的前期调研工作，调研成果显著。

据了解，西华师范大学"千乡万村"环保科普行动实践队已于 2015 年、2016 年分别在南充市顺庆区新复乡及南充市营山县城南镇开展了为期一周的环保科普行动，并且活动取得良好成效。在 2017 年暑假，志愿者们将前往蓬安县杨家镇，继续开展形式多样的"千乡万村"环保科普行动。

当日 15:00，志愿者们抵达蓬安县杨家中学，就即将在 7 月上旬开展的"千乡万村"环保科普行动的一系列问题进行了核实，包括住宿、饮食、活动场地、科普对象等。交流过程中，杨家中学校长对本次活动进行了肯定："这是一次非常好的活动，我们非常支持！"随后，志愿者们前往蓬安县杨家镇居民委员会，带队教师朱晓华、唐娅与当地领导就活动的开展进行了详细的交流对接，对方表示“对活动提供绝对的支持！”给予了志愿者们绝对的信心。

此次调研，确保了 2017 年“千乡万村”环保科普行动的顺利进行，志愿者们了解了当地特色，以便更好地结合当地文化开展环保科普活动，在此次活动中贯穿环保理念，将环境教育渗透到居民生活中。千乡万村，有你有我，环保科普，一直在路上。

志愿者培训

2017 年 7 月 6 日 16：30，2017 年“千乡万村”志愿者培训大会于西华师范大学生科楼 703 成功举办。2017 年“千乡万村”环保科普行动指导教师朱晓华、李娟莅临此次大会现场。首先，2017 年“千乡万村”环保科普行动环境监测小分队队长张萍分享了 2016 年“千乡万村”活动情况并为大家讲解 2017 年“千乡万村”活动注意事项。随后，李娟老师就 2017 年“千乡万村”活动着重讲解了安全问题，希望同学们将安全第一始终放于心中。接下来，朱晓华老师分享了 2016 年“千乡万村”活动的亲身体会，强调了活动的意义，希望大家好好把握此次活动锻炼机会，多用心、多收获。最后，西华师范大学新闻传播学院梅桂倩师姐详细热心地为志愿者们讲解新闻照相和新闻稿件方面的知识，提出注意新闻照片信息点需深刻，主题强烈，情感的感染力要强。

通过此次会议，培训了志愿者们关于社会实践方面的知识，强调了在社会实践中安全问题的重要性，各个小分队也就各小分队工作做了进一步的确定，相信 2017 年“千乡万村”活动一定会非常精彩！

（摘自西华师范大学环境教育中心官网）

■ 西华师范大学推进农村清洁生产　建设美丽宜居乡村

2017 年 7 月 12—17 日，西华师范大学“千乡万村”环保科普行动队到南充市蓬安县开展了 2017 年大学生志愿者“千乡万村”环保科普行动。12 日上午 11:00，环保科普行动队抵达南充市蓬安县杨家镇。杨家镇是此次西华师范大学暑期社会实践点，杨家中心小学、杨家镇管辖的 14 个村以及杨家镇街道是环保宣传重点服务点。环保科普行动队分为环境监测小分队、绿色生活小分队、环保教育小分队、低碳节能小分队、农业宣传小分队及碧水蓝天小分队 6 个小分队。

走村入户：环保宣传不怕难

“环保宣传做到位，要深入到群众中去。大学生志愿者要将理论付诸实践，一切从实际出发，所以‘走村入户’是我们志愿者环保科普活动的基础。”西华师范大学环境科学与工程学院副院长、环境教育中心主任李友平在活动前对志愿者们说。

理论联系实际，环保科普行动队中的 6 个小分队、31 名志愿者切实实行“一切为了群众，一切依靠群众，从群众中来，到群众中去”的原则，走访杨家镇 14 个村庄、300 户村户、80 余名村干部、900 余名村民，填写 269 份调查问卷，张贴 552 张海报，完成 5 面海报墙，发放 272 本宣传手册，广播宣传 7 次，宣讲 7 次、涉及 130 余人。

“走村入户”的宣传方式将环保理念普及到杨家镇的家家户户，覆盖生活的方方面面，使杨家镇居民的环保意识有所提高。

开设环保课堂，环保从娃娃抓起

国家倡导环境教育，尤其是中小学环境教育，环境教育应从青少年和儿童抓起，这对于实施可持续发展战略有着重要的现实意义和深刻影响，由此，环保科普行动队在杨家镇杨家中心小学开展了环保知识科普课堂。课堂开设了环保知识教学与竞赛、环保袋 DIY 大赛、图书漂流活动以及环保手工艺教学 4 个课程，共 134 名学生参与其中。在这 4 天的环保知识科普课堂中，志愿者们共发放环保袋 500 余个、手帕近 200 张。

“我喜欢这些用塑料瓶做成的东西，好看又不浪费，我以后会自己在家做的。”一位参与环保手工艺教学课程的小朋友对志愿者说。在此次环保知识科普课堂中，大部分学生的环保意识从无到有、从弱到强，环保理念渐渐深入他们心中。

垃圾分类银行：设立垃圾兑换点，变废为宝

垃圾分类的目的在于提高垃圾的资源价值和经济价值，力争物尽其用。垃圾分类银行是给回收的垃圾称重，并按照市场价格兑换环保积分，环保积分可兑换生活用品，以培养杨家镇居民的垃圾分类意识和环保意识。

此次，志愿者们在杨家镇以集市贸易为主的中心街道设立垃圾分类银行，共计回收了 40 kg 垃圾，其中废纸和易拉罐居多。垃圾分类银行的设立不仅给杨家镇居民带来了欢乐和便利，同时还潜移默化地提高了杨家镇居民的垃圾分类意识和环保意识。

环境实监测　环保在身边

环境监测是一切环保行动的开头，其目的在于确定环境质量及其变化趋势。志愿者们利用空气智能 TSP 综合采样器，在杨家镇杨场村进行了粉尘采样，向村民讲解了 $PM_{2.5}$、PM_{10} 的形成原理以及危害，并从设备的安装、使用方法以及采样器的工作原理等方面，详细为村民讲解了 $PM_{2.5}$、PM_{10} 的采样过程，进行了实时采样。

杨家镇镇长杜海飞说：“你们为我们杨家镇进行的环境监测准确地展现了我们杨家镇的环境问题，有利于政府对杨家镇的环境治理。我希望，这次在志愿者的协助下，我们杨家镇以后的环境越来越好，向着碧水蓝天的美丽新乡村前进。”

据悉，此次环保科普行动旨在推进农村清洁生产，建设美丽宜居乡村，为期 6 天，前期准备两个月，经历了活动的策划、志愿者的选拔面试、活动材料的选购等准备工作。

（摘自教育部中国大学生在线）

“千乡万村”环保科普行动　西华师范大学获评“优秀组织单位”

2018 年 1 月 19 日，记者从西华师范大学获悉，由中国环境科学学会发起，环境保护部、中国科学技术协会和科学技术部支持的大型农村环保科普公益活动“2017 年大学生志愿者千乡万村环保科普行动”评选结果揭晓，西华师范大学从 96 所高校中脱颖而出，获评“优秀组织单位”。

据了解，2016 年以来，西华师范大学环境教育中心以全面推进农村环境综合整治为切入点，以大学生志愿者为活动主体，以农民为主要环保科普对象，联动当地乡镇干部，带动当地中小学生，将环保科普与农村生态环境建设的理念深入当地居民心中。在系列活动中，志愿者们通过走村入户、问卷调查、广播宣讲、集中宣讲、环保课堂、环保游戏、制作环保酵素、设立垃圾分类银行兑换点以及环境监测等多种多样的活动形式、通过“渗透”式宣传模式，进行环保知识科普宣传。

据悉，西华师范大学环境教育中心自成立以来，积极响应国家号召，坚持开展环境教育、环保科普活动，迄今已连续 3 年率队参加大学生志愿者“千乡万村”环保科普行动，先后走进南充市顺庆区新复乡、南充市营山县城南镇、南充市蓬安县杨家镇开展暑期环保科普社会实践。

（摘自《南充日报》）

“千乡万村”环保科普行动丨西华师范大学：定了！就在仪陇

2018 年 7 月 3 日上午，西华师范大学 2018 年大学生志愿者“千乡万村”环保科普行动协调会在四川省南充市仪陇县召开。会议由仪陇县教育局副局长黎万俊主持。据了解，与会的各单位均表示一定全力配合此次暑期社会实践活动。西华师范大学环境科学与工程学院副院长、环境教育中心主任李友平告诉四川新闻网环保频道，“我们的‘千乡万村’环保科普行动，今年就在仪陇展开”。

会议伊始，在明确了此次协调会的目的后，黎万俊副局长希望与会者大力支持环保科普行动，携手共创天蓝、地绿、水清的美丽中国。就西华师范大学 2018 年大学生志愿者“千乡万村”环保科普行动，来自西华师范大学、朱德故居管理局、仪陇县教育局、仪陇县环境保护局、马鞍镇人民政府和马鞍中学的代表们齐聚一堂，共商落地实施举措。

结合党的十九大报告、习近平总书记来川视察重要讲话、全国生态环境保护大会精神，李友平指出：“这彰显了党中央、国务院对生态环境保护的高度重视。”随即，他详细讲解了 2018 年“千乡万村”环保科普行动的背景、内容，希望能与各单位深入合作，做好此次“千乡万村”环保科普行动。最后，西华师范大学环境教育中心副主任唐娅作了补充发言。与会各单位结合自身实际，提出了具体的环保科普行动建议，表示一定全力配合此次暑期社会实践活动。

协调会后，马鞍中学校长王勇带领与会者参观了开幕式及闭幕式会场、食宿环境等，并就大学生志愿者关心的具体问题进行了细致回答。

会议达成一致共识，相信在朱德故里，在大学生志愿者的共同努力下，在众多单位的支持下，今年开展的“千乡万村”环保科普行动一定会取得圆满成功。

（摘自四川新闻网）

“千乡万村”在马鞍开启红色之旅　唱响绿色之歌

“红色之旅，铭记历史！绿色之歌，共创未来！”在朱德元帅的故乡——四川省南充市仪陇县马鞍镇，这段话在飞速传开……台上，志愿者们倾心演绎，环保时装秀吸引观众的眼球；台下，嘉宾和村民也“不得闲”，只听得“巴巴掌”是一浪高过一浪……这些就发生在 7 月 16 日的马鞍中学。

2018 年 7 月 16 日的马鞍中学有两个重要仪式同期举行。一个是 2018 年四川省大学生志愿者“千乡万村”环保科普行动启动仪式；另一个是 2018 年西华师范大学“千乡万村”环保科普行动开幕式。在仪式上，唱响绿色之歌是共识。南充市仪陇县教育局副局长黎万俊说：“环保不是一个人的事，全社会不同人士都要携起手来，共同创建美丽中国！”此次行动的志愿者代表曾超誓言道：“做一名合格的志愿者，做一名环保的引路人！”西华师范大学环境科学与工程学院院长黎云祥还代表西华师范大学向马鞍中学赠送了装有 100 册环保图书的“流动环保书架”。

最后，西华师范大学环境教育中心副主任唐娅表示：“红色之旅已然开启，绿色之歌必将唱响。”据了解，参加仪式的代表共有 300 多位。他们分别来自四川省环境科学学会、朱德故居管理局以及仪陇县教育局、仪陇县环境保护局、马鞍镇政府及马鞍中学。

2018 年，四川省将继续开展系列环保大传播行动。另悉，与会的四川省环境科学学会代表罗靖还透露："今年，省环境科学学会组织了 6 家单位开展'千乡万村'环保科普行动，共计 22 支'千乡万村'环保科普小分队。各小分队将依据学校和当地特色，针对大气、水、土壤、垃圾分类处理、环境素养、环境教育等多方面，继续开展环保大传播行动。"

（摘自四川新闻网）

"千乡万村"在马鞍丨环保科普活动收官?

环保科普永远在路上。2018 年 7 月 21 日，在 2018 年西华师范大学"千乡万村"环保科普行动闭幕式上，志愿者曾超说："这一周，我们主要在城镇街道、朱德故里、玉兰村、方坝村、永安社区等村社开展了形式多样的活动，科普范围遍及了 16 个村社……"那么在仪陇县马鞍镇的环保科普活动就此收官了？其实不然，在马鞍中学礼堂里，还有一个声音响起来："马鞍中学正式成为西华师范大学环境教育基地，成为四川环境教育 1+N 联盟成员。"所以，这更是开始。

马鞍中学成为西华师范大学环境教育基地。西华师范大学环境科学与工程学院副院长、环境教育中心主任李友平介绍：“此次科普活动正是响应中国环境科学学会和四川省环境科学学会的号召率先落地的行动。”说到行动本身，他说：“在马鞍切实营造生态文明建设的浓厚氛围，促进村民养成有益于环境保护的行为习惯和生活方式，是我们这次行动目的所在。”李友平更表示：“希望环保科普的种子在马鞍生根发芽，希望中小学生热爱环保、践行环保、报考环境专业。为了感谢马鞍中学，更为了让环保科普持续大传播，马鞍中学正式成为西华师范大学环境教育基地，成为四川环境教育 1+N 联盟成员。”

7 天的环保科普行动，志愿者们到底做了什么？作为此次行动的参与者，身为西华师范大学环境教育协会理事长的曾超还报告了整体情况。他介绍到，此次活动主题为“美丽乡村，我们在行动！”一共有 24 名志愿者参与活动，分为 6 个小分队，分别是环境教育、环境监测、环境调查、环保科普、生态农业、绿色心田，分别通过问卷调查、环保知识科普宣讲会、走访调查、录制环保视频、开展绿色论坛、环保课堂、广播环保之声、水样监测等丰富多样的活动形式来开展此次环保科普行动。“这一周，我们主要在城镇街道、朱德故里、玉兰村、方坝村、永安社区等村社开展了形式多样的活动，科普范围遍及 16 个村社，直接科普人数 824 人，其中分发问卷 173 份，分发环保宣传册 94 本、环保小扇子 130 把，张贴环保标语 41 张，开展集中环保宣讲会两次，组织绿色论坛一次，进行广播环保之声两次，开展监测水样等活动。”

7 天更是开始，环保大传播还在进行中。此次行动针对当地的中小学、乡镇领导以及乡村干部、普通群众等环保意识相对较弱的人群开展行动。西华师范大学环境教育中心副主任唐娅告诉记者，“通过多种形式的环保科普，有 5 000 人次直接或间接地接受环保科普，新闻报道转载 32 次，微博阅读量近 10 万人次。锻炼学生、传播环保的‘千乡万村’环保科普行动明年将在四川省南充市阆中市继续。”

凡是过往，皆是序曲，环保科普永远在路上。最后，在改编自《童年》的环保之歌和体现爱国情怀的手语歌《国家》的演绎中，闭幕式结束。据悉，连年来，四川省一直开展“千乡万村”环保科普行动。2018 年，四川省环境科学学会更是组织了 6 家单位开展行动，持续开展环保大传播。

（摘自四川新闻网）

西华师范大学承办 2019 年四川省“大学生在行动”环保科普活动

2019 年 7 月 15 日上午，由中国环境科学学会、四川省环境科学学会主办，西华师范大学环境科学与工程学院、西华师范大学环境教育中心承办的 2019 年四川省“大学生在行动”环保科普活动启动仪式在阆中市天宫乡中心学校举行。

启动仪式在精彩的环保时装秀中拉开序幕，志愿者们身着由塑料袋、纸壳、编织袋、废旧塑料制品等制成的环保服装上台，倡导大家养成良好的环保意识，赢得现场观众的阵阵掌声。

四川省环境科学学会副会长陈维果介绍了四川省“大学生在行动”环保科普活动的背景、意义及今年此次活动的参与情况。

西华师范大学环境科学与工程学院院长黎云祥感谢大家对环保科普工作的支持，简要介绍了学院环境教育与科普工作，希望志愿者们注意安全，助力天宫乡生态环境保护和生态文明建设。

南充市阆中生态环境局副局长候志远倡导大家要做美丽家园的守护者、绿色低碳的引领者。阆中市教育科技和体育局副局长陈开良、天宫乡党委书记王毅表示，将全力支持此次“大学生在行动”环保科普活动。

参会领导和嘉宾为西华师范大学 25 名志愿者组成的 8 支小分队授队旗。志愿者们纷纷表示，要运用所学知识，传播绿色文化，服务基层，要用实际行动圆满完成实践任务。

据环境教育中心副主任、环境教育协会指导教师唐娅介绍，环保科普暑期社会实践活动开展 4 年以来，共有 24 支小分队 132 名志愿者参与，他们的足迹遍布四川省南充市顺庆区、营山县、蓬安县、仪陇县等的 51 个行政村。今年将在往年内容和形式的基础上，为天宫乡的生态环境研学旅行贡献力量。

成都理工大学、成都纺织高等专科学校、天宫乡领导干部及 100 余名村民参加了此次启动仪式。

（摘自西华师范大学官网）

大学生在行动 阆中丨一支舞一首歌：再见天宫！

一支手语舞《爱》拉开帷幕；一首《让中国更美丽》唱出大家将生态环保践行到底的决心；“天宫，再见！”道出了所有志愿者的心声！ 2019 年西华师范大学“大学生在行动”环保科普活动收官；7 月 20 日 9:30，该活动在四川省南充市阆中市天宫乡中心学校（以下简称“天宫乡中心学校”）举行闭幕式。一支手语舞《爱》拉开帷幕，志愿者们的演绎精彩不已，令现场 100 余名观众叹为观止。通过志愿者代表、环境教育协会团支书潘丽旭的现场总结，一句“你好，天宫；天宫，再见！”道尽所有志愿者的心声。

天宫乡中心学校成为西华师范大学环境教育基地，8 名小朋友获表彰。鉴于天宫乡中心学校在这次活动中的积极表现，通过“西华师范大学环境教育基地”的授牌仪式，西华师范大学希望该校能主动、用心、持续开展环境教育与科普。天宫乡中心学校教师杨明清、赵李萍，西华师范大学环境教育中心副主任、环境教育协会指导教师唐娅为社会实践生态环境课堂中表现优异的 8 名小朋友颁发奖状。

大学生志愿者们在活动中载歌载舞，为他们的天宫之旅画上完美的句号。环境与健康、绿野仙踪、生态环境教育、生态环境监测、生态调查、生态农业、绿色科普、生态笔记 8 支小分队带来形式各样的节目。一首《让中国更美丽》唱出大家将生态环保践行到底的决心；由天宫乡中心学校 8 名小朋友带来的话剧《国王的忏悔》，从保护生物多样性的角度展开故事，引发大家深深思考的同时也带来了感动，话剧直指主题“保护生物多样性”，就是保护我们人类自己。

据悉，本次“大学生在行动”环保科普活动走访 500 多名村民，完成问卷调查 300 余份，发放宣传手册、环保科普资料 1 500 余份，通过走访、发放问卷、中小学生跟队学习、环保课堂、舞蹈、绘画、广播、监测等形式开展环保科普，引起社会较大反响。四川新闻网、四川省生态环境厅官网、阆中市人民政府官网、西华师范大学官网等的相关报道共计 30 余篇，西华师范大学环境教育中心“2019 大学生在行动环保科普”微博话题阅读量近 13 万次。

（摘自四川新闻网）

2020 年西华师范大学“大学生在行动”环保科普活动启动

2020 年 7 月 15 日上午，西华师范大学“大学生在行动”环保科普活动“云”开幕，这是一次与众不同的开幕式，没有观众、没有宣誓、没有讲话、没有表演，只有 10 名志愿者的期望与决心。据了解，10 名志愿者分别来自四川省南充市、绵阳市、眉山市、广安市、内江市、达州市、凉山彝族自治州以及湖北省恩施土家族苗族自治州。不同的地区、不同的人，却有着共同的目标。

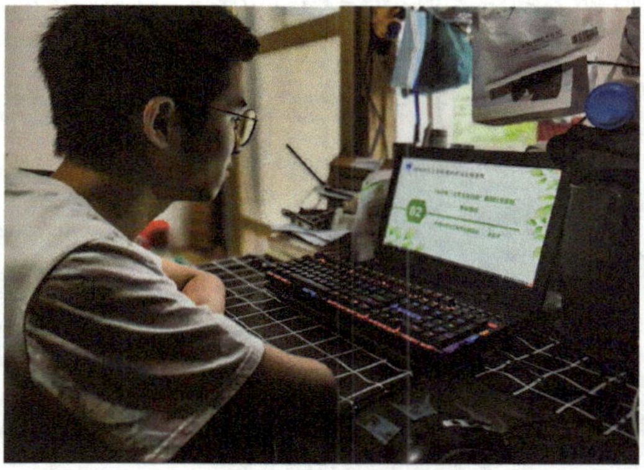

当日，每一名志愿者各自是一支小分队，组合起来又成为一个大团队。开幕式上，每一位志愿者通过简单的发言，表达自己的决心，分享自己的计划。这个 7 月，这个夏天，10 名志愿者将以不同的方式进行环保科普，无论是广播、街头采访、问卷调查还是实地考察，相信志愿者们都能够运用自己的专业知识，为广大居民朋友普及环保知识，让更多的人通过环保科普宣传，在生活中重视低碳环保，为生态环保事业贡献一份绵薄之力。

西华师范大学环境科学与工程学院党委副书记杨艳在开幕式上说：“为更好地开展环保科普活动，保证志愿者的生命安全，加强志愿者的专业技能及纪律意识，我院召开了视频培训会。”杨艳对志愿者们进行安全方面的教育培训，提醒同学们提高安全意识、做好自我防护措施，平安圆满地完成此次环保科普活动。在视频培训会上，西华师范大学环境科学与工程学院副院长、环境教育中心主任李友平就专业方面对志愿者们进行了指导，希望同学们充分利用专业知识，认真开展环保科普社会实践，传承这 5 年来环保科普活动的优良传统，创新环保科普内容和形式。

“我们将牢固树立‘主人翁’意识，在活动中积极献言献策并且遵守团队的组织纪律，保证活动安全有序进行。”志愿者代表说，而且表示会做好活动记录，以文字、图片、视频等方式传播环保知识，让更多人认识环保，加入到环保队伍中。

（摘自今日顺庆）

2020 年四川省大学生在行动丨10 名志愿者影响 10 万多人次

近日，由中国环境科学学会、四川省环境科学学会主办，西华师范大学环境科学与工程学院、环境教育中心承办的 2020 年西华师范大学“大学生在行动”环保科普活动正式落幕。2 名指导教师及环境教育协会 10 名志愿者参加了活动“云”闭幕式。

这个七月、这个夏天，在西华师范大学环境教育中心副主任、环境教育协会指导教师唐娅的指导下，10 名志愿者在自己的家乡，运用自己的专业知识，以广播、街头采访、问卷调查、实地考察等不同的方式进行环保科普，为广大居民朋友普及环保知识，让更多的人通过环保科普宣传，在生活中重视低碳环保，为生态环保事业贡献一份绵薄之力。

据不完全数据统计，此次环保科普活动共开展 33 场，发放宣传手册 300 余份，回收调查问卷 600 多分，线下科普人数为 2 335 人，微博话题浏览量达 11.7 万次，主要通过乡村广播、摆地摊、走访、问卷调查、生态环境课堂、花草绘世界等形式和活动来科普环保知识。

在闭幕式上，志愿者们依次分享了活动的经历、感悟及收获。每一位志愿者都表示，这次环保科普活动是一次难忘的经历，从最初的未知茫然、胆怯害怕，经过一次次的实践尝试，到最后的得心应手、从容不迫。无论是聚集在一起，还是分散在各地，志愿者们都在不断完善自己的工作方案，不断实践自我，提升自我，做好环境教育与科普。环境教育中心副主任、环境教育协会指导教师唐娅对志愿者在新冠肺炎疫情当前主动、用心、持续开展形式多样、内容丰富的环保科普活动感到欣慰与骄傲。听完志愿者们的总结，环境科学与工程学院副院长、环境教育中心主任李友平说：“同学们辛苦了、成长了！希望同学们继续发挥专业特长，聚焦垃圾分类、制止餐饮浪费、生物多样性保护等主题，提升公众的生态环境与健康素养。”

（摘自四川省环境科学学会官微）

七月的风 | 难忘的不止于你

七月的风，当年的你

2015 年 7 月，一个因为环保科普行动的志愿者故事开始了，这个故事至今仍在继续……

随着《奋进的五年——环保科普大学生在行动》（以下简称《奋进的五年》）一书的出版发行，我们以环保的名义走进那些流金岁月。

在七月的风中，或有你的身影

《奋进的五年》带来的是 30 名大中小学教师、156 名大学生志愿者和 20 名中小学生志愿者的环保行动。5 年来，在南充，他们分别走进顺庆区、营山县、蓬安县、仪陇县和阆中市的 61 个行政村。在每年为期 7 天的环保科普活动中，汗水、泪水和欢笑与他们同在。随着环保科普活动的持续开展，宣传讲解、环保课堂、座谈参观与宣传单、环保图书、书架一起落地，环保图文视频等也通过微信、微博、QQ 群、网站等渠道广泛传播；据不完全数据统计，影响人群覆盖老人、儿童、妇女等，共计超过 20 万人次。

在字里行间，你或能找到你自己的身影。

七月的风，不一样的你。

在这一股环保风里，每一位志愿者都有自己独特的境遇。经过半年构思、收集、整理、编辑，该书编委会成功编写了《奋进的五年》一书。全书包括 11 名教师指导大学生环保科普活动的经历、36 名大学生参加环保科普活动的体会、11 名中小学生的感想以及 10 篇相关报道。《奋进的五年》一书力求采用原汁原味、朴实无华的文字，让那一段段难忘的经历随着环保风传送，期待能为环保工作添砖加瓦，为打赢污染防治攻坚战助力。

七月的风，难忘的不止于你。

难忘的暑期环保科普经历充实而有意义，值得记录和收藏，更值得分享。

正如《奋进的五年》一书的作者卢佳新说道："看一次，感动一次。这本书的编撰不容易，但是作为一段平凡又充满了奉献和激情的环保历程的回顾，分量很重。对于组织者也是一个激励，一个做好未来工作的重要参考。"

下面，我们不妨剧透一下，来自部分撰稿人的声音：

牵手环保，关爱蓝天。让我们携手努力，从现在做起，从娃娃抓起，从身边的一点一滴的小事做起，积极行动，保护环境，珍爱环境，让绿色永驻人间。

——张翼

文字是我最喜欢的能直抵人心的记忆方式，细细品读，读自己，读他人，一字一语，每一段都有不一样的感动。那些文字里的对话清晰、亲切、温暖而又可爱，那一个个用行动汇聚成的数字，每一个背后都是故事。五年，五个七月，是五个有笑声、有汗水，甚至有泪水的夏天……刚好又一个七月，行动在继续，千乡万村，我想以后还会有许多个更加精彩、更加值得期待的五年。

——张萍

第一个五年，奋进的五年，看着反馈的文字，每一次付出的辛劳不再没有意义，因为它们在诉说着我们能行，期待以后的每一个五年。志愿者，走！环保科普去。

——曾超

环保科普行动，我陪你走过五分之三的时间，未来的每一次，我都会把传播环保的信念带着一直一起走。不同的时间、不同的地点、不同的人，却因为同一份信念和热爱做着相同的事，我想这是一种缘分，这种联系和境遇值得想念一辈子，为之行动一生！

——韩定美

拿到书特别兴奋和感动，为自己曾参加环保科普行动而感到自豪，深知未来也需要不断将环境保护的理念传递给更多人，聚是一团火、散是满天星，相信在老师们的指导、同学们的努力下，汇集成的点点星光将一直照亮建设美丽家园的前路！

——李孟林

这是充满感动、欢笑和汗水的五年，我有幸成为这其中的一分子，见证了些许温暖。悠悠岁月，愿感动长存，信念常在，环保之路越走越远！

——赵陈慧

拿到书的那一刻无疑是激动的，真的特别感谢自己那三年的坚持，时间过得太快，去年的今天我们还在准备闭幕式，而现在我已经毕业，走向了社会。在未来我想我会一直带着这份坚持努力走下去，不忘初心。

——赖敏锐

我看到已有一大群人将环保的种子撒满大地，我有幸加入了其中。未来，我也会持续将环保种子撒向大地。

——幸华秀

七月的风，当年的你。

在七月的风中，或有你的身影。

七月的风，不一样的你。

七月的风，难忘的不止于你。

来吧，在《奋进的五年》里寻找不一样的自己。

（摘自四川新闻网）

我校荣获“大学生在行动”生态环境科普活动多项荣誉

2020 年 12 月 30 日，中国环境科学学会公布 2020 年“大学生在行动”生态环境科普活动优秀组织单位和个人名单。西华师范大学环境教育中心、环境教育小分队分别被评为“优秀组织单位”和“优秀小分队”，西华师范大学学生陈燕茹、肖芳芳分别被评为“十佳志愿者”和“优秀志愿者”，西华师范大学环境科学与工程学院副教授、环境教育中心副主任唐娅被评为“优秀指导教师”。

四川省环境科学学会公布 2020 年“大学生在行动”生态环境科普活动表彰集体和个人名单，西华师范大学环境科学与工程学院、环境教育协会、环境教育小分队分别被评为“优秀组织单位”“优秀环保社团”“优秀小分队”，陈燕茹、高一平、黎慧、李飞娅、刘雅琳、肖芳芳 6 名同学被评为“优秀志愿者”，唐娅、李友平被评为“优秀指导教师”。

中国环境科学学会

西华师范大学唐娅：

因表现突出，被评为 2020 年度“大学生在行动”优秀指导教师。

特发此证，以资鼓励。

中国环境科学学会
二〇二〇年十二月

据了解，环境科学与工程学院、环境教育中心高度重视“大学生在行动”生态环境科普活动，该活动为环境教育中心每年“6+1”环境教育与科普活动之一，已连续 6 年在暑期开展为期一周的环境教育与科普活动，出版了《奋进的五年——环保科普大学生在行动》一书，在锻炼学生、宣传学校、传播生态文明方面取得一定成效。

（摘自西华师范大学官网）

心系居民健康，环保科普再出发

2021 年 7 月 13 日，西华师范大学环境教育协会“环保科普行，助力碳达峰”暑期社会实践队（以下简称“小队”）来到四川省南充市南部县东坝镇，他们将对东坝镇居民开展环保科普活动。

在社区主任的带领下，小队成员来到东坝镇谯周社区。成员们重点围绕垃圾分类、资源可回收利用开展环保科普，同时分发了一些生态环境宣传手册，以便居民回家后继续学习相关的生态环境知识。社区周边商户陈阿姨说：“现在国家变得越来越好，我们住在同一个小区里，要好好保护我们自己住的环境。感谢这些大学生们，30 多度的天气下还来给我们科普环保知识。”小队成员们个个汗流浃背，但是并没有丝毫的抱怨，在耐心解答社区居民的疑问后露出开心的笑容。在小队成员进周边街道进行科普时，李阿姨听得特别认真，她说：“我的女儿也在读大学，她也经常参与类似的宣传活动，所以我也来支持你们的工作。”在得到阿姨的认可后，成员们的自豪感油然而生。

在环保科普的路上，我们一直在前进。生态环境的保护，需要每一个人身体力行，我们要做的不仅是具有相关的意识，还要行动起来，理论联系实际，秉承可持续发展理念，助力环境保护有成效地进行下去。环境教育不是一时的，而是一个长期不间断的过程，首先从理念上进行更新，然后付诸到实际行动中去，才可以实现环境保护人人参与。

（摘自西华师范大学环境教育中心官网）

垃圾分类最时尚，环保科普进乡村

2021 年 7 月 14 日，西华师范大学“环保科普行，助力碳达峰”暑期社会实践队走进南充市南部县东坝镇继龙庙村，开展垃圾分类环保科普活动。为更好地开展科普活动，志愿者们首先协调当地村干部，对当地村民进行了环保知识问卷调查。村民们十分配合志愿者工作，尽管问卷题量较大，但大家都十分耐心地完成了问卷调查。调查过程中，志愿者积极引导村民填写问卷，遇到年纪较大的、眼睛看不清的、不识字的村民，一一把问题、选项用通俗易懂的话表述出来；其中一位奶奶虽然年纪大不识字，她也不懂什么理论知识，但当志愿者说到如果环境受到污染的时候，她很激动地说：“环境污染了，就要治理啊！”那一刻，我们感受到生态环境保护意识时刻在人们心中。通过问卷调查，志愿者们切实了解了当地村民的环保知识水平，并总结出村民的环保知识短板。

调查问卷结束后，志愿者们从垃圾分类、低碳生活等方面向村民进行环保科普。环保科普过程中，村民们表现出极大兴趣。为了让村民们更好地理解，志愿者们带大家来到村委会门口的 4 个分类垃圾桶前，讲解生活垃圾主要分为哪 4 类，并强调了实施垃圾分类的重要性，进而倡导大家以后注意爱护生态环境、践行垃圾分类。此次活动让村民们意识到生态环境保护的重要性，提高了他们的生态环保意识。

活动的顺利开展离不开村干部的积极配合，在返程的路上从指导教师唐娅口中了解到，今天来参加活动的村民都是昨天几位村委会干部一个一个打电话通知来的，这让我们充分感受到基层工作者对乡村振兴发展的重要性。我们的环境教育事业也是如此，需要更多的人带动才能更好地发展起来。希望未来会有越来越多像我们一样的人将环保科普深入“千乡万村”，共同创造出更好的家园。环保科普行，我们一直在路上！

（摘自西华师范大学环境教育中心官网）

西华师范大学 2021 年“大学生在行动”环保科普活动圆满结束

2021 年 7 月，中国共产党迎来了百年华诞，全国各地共同庆祝中国共产党成立 100 周年。大学生响应党和国家号召，积极开展暑期社会实践，将“实践出真知”进行到底。7 月 12 日至 18 日，由西华师范大学环境科学与工程学院、西华师范大学环境教育中心 10 名志愿者组成的“环保科普行，助力碳达峰”社会实践队，在指导教师李友平（四川省十大绿色先锋、全国百名最美生态环保志愿者）、唐娅的带领下来到四川省南充市南部县东坝镇开展环保科普活动，为生态环境保护、乡村振兴奉献自己的一份力量。

在开展环保科普活动期间，大学生志愿者参加了由四川省生态环境厅组织、四川省环境科学学会支持的“2021 年四川省居民环境与健康素养调查工作”。此次问卷调查活动主要在 4 个特定的样点，针对 3 个不同年龄段的人群进行随机抽样调查。大学生志愿者、指导教师及项目负责人辗转不同的社区和乡村，完成了 400 多份调查问卷。此问卷将有利于摸清居民的环境与健康知识素养，为进一步开展生态环境科普提供有力支撑。在完成问卷调查之余，大学生志愿者对居民进行环保科普，向四川省南充市南部县东坝镇继龙庙村的居民科普垃圾分类，在大堰场社区向居民讲解什么是生物多样性保护及其重要性，于东坝镇东林寺村进行“碳达峰、碳中和”的环境教育与科普。面对面线下环保科普的对象包括老人、妇女、儿童、基层干部等 1 000 余人，发放宣传手册、宣传资料、环保科普纪念品 500 余份。在做好线下环保科普的同时，通过多个在线平台传播生态环境保护和美丽中国建设，相关报道浏览量超过 10 万次。

通过此次环保科普活动，当地居民的环保意识和环保知识有了较为显著的提高。不少居民表示：“原来生态环境保护还有这么多方面的知识，我们以前只知道环境污染了就要治理，那都是政府的事，现在知道我们自己也能为生态环境保护贡献力量。”“垃圾还能分这么多种类啊，我明白村里为啥要放 4 个垃圾桶了。”“原来不只是国家保护动物不能伤害，对于其他动物我们也应该进行适当保护，不能滥杀。”基层干部表示：“东坝镇在乡村振兴战略下发展得挺好，但在环境教育这方面比较欠缺，居民的环保意识不够，感谢你们大学生志愿者能来到这里进行环保科普。”

在活动结束前的交流分享会上，大学生志愿者们发表了各自对于此次“大学生在行动”环保科普活动的所见、所闻、所思、所想。乡村面貌发生了巨大变化，村民的环保意识有了较大提高。在调查的过程中，提高了与人沟通的能力。大家在调查过程中也看到一些问题，比较突出的就是人口老龄化严重，遇到很多空巢老人，乡村振兴还需年轻一代；自身的专业知识储备不够，不能深入地向居民宣传环保知识。针对这些问题，志愿者们都进行了反思和总结，也充分体现了大家在此次“大学生在行动”环保科普活动中有切实的收获。此次活动中，志愿者们经历了酷热和大雨的考验，每天在外奔波却没有丝毫怨言，通过团队协作还建立了深厚的友谊，给他们留下了难忘的回忆。

（摘自西华师范大学环境教育中心官网）

4.1.5 全国科普日（9 月）活动

垃圾分类变废为宝 学生用塑料瓶换盆栽

每年 9 月的第 3 个周日是“世界清洁地球日”，是全球范围内的公益性环保节日。2016 年 9 月 18 日，记者采访了解到，西华师范大学成立垃圾分类银行，学生可用废旧塑料瓶换取盆栽。

“你们寝室换盆栽了吗？”15 日中午，在西华师范大学华凤校区二期食堂一楼门口的垃圾分类银行柜台前，围满了前来咨询以及用垃圾交换盆栽的同学。记者了解到，自 2015 年 11 月 17 日垃圾分类银行成立以来，垃圾分类参与人数共计 800 余人，共收集废旧塑料瓶 10 000 多个，换取盆栽近 100 盆。

据西华师范大学环境教育中心主任李友平介绍，以“垃圾分类，变废为宝”为主题的垃圾分类银行将定期、定点面向全校师生分类回收垃圾并称重，按照市场价格兑换环保积分，积分可兑换绿色盆栽。以此培养师生的垃圾分类意识和环保意识，倡导大家一起为地球做清洁、为地球母亲“减负”。该活动既是“大学环境教育”等公共选修课程的延伸，又是师生践行环保的平台。通过长期坚持，营造垃圾分类氛围，培养师生的垃圾分类习惯。

世界清洁地球日旨在呼吁人们爱护地球家园，保护环境。你知道吗？昨日有这样一群环卫工人，他们仍然冒雨坚持工作、在危险的车流中工作。

昨日，记者采访了负责顺庆区文化路的环卫工人刘师傅。“既然我领了工资，我就要扫干净。”刘师傅在接受记者采访时说，他们这条路共有两名环卫工人，基本是轮流扫地，随着机动车保有量的逐步攀升，一些驾驶人及乘车人文明素质的缺失给城市带来不少的“尴尬”，车窗抛物就是其中的一种。随手一扔，看似事小，却可能给过往车辆及环卫工人带来危险，而从车窗内被扔出的垃圾，也与美丽的城市极不相称。

除了生活垃圾，“有车一族”的车内垃圾也应该引起重视，注意处理妥当。例如，私家车主林先生对处置车内垃圾有着自己的方法。“车内产生的垃圾主要有用过的纸巾、零食包装袋、喝完的饮料瓶。”林先生告诉记者，车主可以将易拉罐、纸杯、纸盒、塑料盒等二次利用，用来装垃圾。车内最好随时备好垃圾袋，别随意往车窗外扔垃圾。

（摘自《南充晚报》网站）

第二届“世界无车日”环校园自行车骑行活动顺利举行

2016 年 9 月 22 日是“世界无车日”，由西华师范大学环境科学与工程学院、西华师范大学环境教育中心主办，西华师范大学环境教育协会承办的第二届环校园自行车骑行活动如期举行。

当日上午 8:00，参加骑行的志愿者们带着激情早早来到集合地点签到、领取号码牌和志愿者服装、挑选自行车。随后，在体育馆外举行了“开骑仪式”，西华师范大学环境科学与工程学院副院长、环境教育中心主任李友平简要介绍了“世界无车日”骑行活动的目的和意义，叮嘱大家一定要注意安全，骑行活动重在宣传绿色出行、低碳生活，不在于速度。

在西华师范大学环境科学与工程学院院长黎云祥、团总支部书记杨艳、环境教育协会指导教师唐娅的带领下，40 余名志愿者开始了绿色骑行活动。活动路线从体育馆开始，途经理科楼、图书馆、朝阳楼、迎曦湖、毓秀湖、灯光球场、田家炳教学楼，最后回到原点。活动持续了近 1 个小时，活动结束后志愿者们开心地领取了纪念品，纷纷表示十分过瘾，明年“世界无车日”还要参加。

据了解，“世界无车日”骑行活动是由西华师范大学环境科学与工程学院、环境教育中心主办，环境教育协会承办的系列环境教育活动之一。通过每年的 1·1 环保法律法规宣传、4·22 世界地球日宣传、六五世界环境日宣传、7 月“千乡万村”环保科普行动等常规活动，会经常地、长期地宣传环保，并为学生提供学习的第二课堂。

（摘自西华师范大学环境科学与工程学院网站）

环保第一现场丨“无车日”真的没车？西华师范大学告诉你

“无车日”真的就没车？在全国科普日活动集中开展期间，四川新闻网环保频道记者通过网络，在第一时间又一次获悉西华师范大学师生们在行动。2017 年 9 月 21 日下午，西华师范大学附属小学校的教室里上演了一场精彩的全国科普日环保课；9 月 22 日是“世界无车日”，在西华师范大学校园内，“绿色生活，健康你我”“9·22 世界无车日”环校园自行车骑行科普宣传活动在雨中成功举行。记者发现，两大活动的主题鲜明，直指绿色生活、低碳出行，同时都是围绕共享单车展开的。下面，我们可以一起来看看来自第一线第一现场的消息。

“小朋友们，你们知道什么是共享单车吗？”2017 年 9 月 21 日下午，西华师范大学附属小学校的教室里上演了一场精彩的全国科普日环保课。

此次活动是由西华师范大学环境科学与工程学院、西华师范大学环境教育中心主办，西华师范大学环境教育协会承办的“绿色生活，低碳出行”环保科普讲座。课上，志愿者通过播放共享单车视频、讲解低碳环保知识和环境保护的重要性、互动问答游戏等多种形式，宣传倡导珍惜资源、爱护环境；

让一名学生带动一个家庭，一个家庭带动一个社区，进而带动整个社会。其中一位小朋友提到："好开心能听到志愿者哥哥姐姐们的讲解，希望今后能有更多这样的活动。"极大地增强了环保科普志愿者们的信心。

据悉，此次活动围绕 2017 年全国科普日"创新驱动发展，科学破除愚昧"的主题，希望通过环保科普课堂，让中小学生积极践行环保，让环保深入人心。

2017 年 9 月 22 日是"世界无车日"，西华师范大学校园内上演了一场风雨无阻的环校园自行车骑行活动。此次"绿色生活，健康你我""9·22 世界无车日"环校园自行车骑行科普宣传活动由西华师范大学环境科学与工程学院、环境教育中心主办，环境教育协会承办。活动积极响应 2017 年 9·16 全国科普日"创新驱动发展，科学破除愚昧"的号召，宣传"低碳出行，绿色生活"的环保理念。

当日上午 9:00，活动开幕式在华凤校区成功举办，西华师范大学环境科学与工程学院副院长、环境教育中心主任李友平为本次活动致辞。他谈到："去年是以租自行车的方式开展活动，今年使用共享单车，方便快捷。环校园自行车骑行已是第三届，目的是向广大师生宣传'世界无车日'，号召大家低碳出行、绿色出行，少开车或者不开车。"随后，在李友平老师、唐娅老师、李娟老师、任东老师、王东老师、王俊老师的带领下，20 余名志愿者开始了骑行活动。尽管活动过程中天气突变，下起大雨，但志愿者们的热情丝毫不减。志愿者们一起骑过体育馆、理科楼、朝阳楼、图书馆、毓秀湖等，骑行活动持续了 1 个小时。志愿者们谈到："这样的活动非常棒，既锻炼了身体，又宣传了环保，明年还要参加！"

"无车日"真的就没车？其实是鼓励大家借用绿色交通方式低碳出行，比如乘公交车、骑自行车或步行等。

延伸阅读

"世界无车日"，你知道吗？

9 月 22 日是"世界无车日"。"无车日"最早由法国发起，宗旨是增强人们的环保意识，鼓励在市区使用公共交通工具、骑车或步行。2007 年 9 月 22 日，中国举办了第一届主题为“绿色交通与健康”的“中国城市公共交通周暨无车日”活动。经过近 10 年的发展，北京、上海、深圳、成都等多个大中城市陆续开展了“无车日”活动。

（摘自四川新闻网）

环保科普　教育为先

今天的你，低碳出行了吗

“小朋友们，你们今天是通过什么方式来上学的呢？步行、乘公交车或是乘私家车呢？”西华师范大学环境教育协会的志愿者唐敏在环保课堂上这样问小朋友。

环保科普，携手共建地绿、水清

金秋九月，践行环保科普。2018 年 9 月 19 日，由西华师范大学环境教育中心指导，环境教育协会的 4 名志愿者前往西华师范大学附属小学校，围绕以“环保科普，低碳出行”为主题的“9·22 世界无车日”开展宣传教育活动，与全国科普日活动有机融合。志愿者唐敏通过让小朋友思考自己的出行方式，来引出这次环保课堂的主题——环保科普，低碳出行。通过课程教学，让小朋友们系统地学习了无车日的历史与发展以及当代低碳出行的各种方式。在课堂上，小朋友们积极举手，列出了自己在日常生活中践行低碳生活的小事件。

教育为先，让生态保护住进校园

通过环境教育与科普，让更多的人意识到保护生态环境的重要性，将生态环境保护的理念植入孩子们的心中！通过环境教育，让孩子们从小养成保护生态环境的好习惯，未来的天蓝、地绿、水清的环保梦将不再是奢望。“我以后要和爸爸妈妈多多走路，然后多去种树！”一位小朋友在课后这样对志愿者说。

延伸阅读

每年 9 月第 3 个周日为全国科普日，今年的主题是“创新引领时代，智慧点亮生活”。每年的 9 月 22 日为“世界无车日”。

（摘自四川新闻网）

大学新生军训现场“时装模特”惊艳四座

“哇，这些真的是用回收废弃物做成的时装吗？真是太漂亮了！”近日，西华师范大学环境科学与工程学院的“时装模特”惊艳了四座，他们身穿“时装”，走出“猫步”，为军训团第十九连队的学弟学妹上了一堂精彩的环保课。

“看，首先迎面走来的是我们的一号选手，只见她步履轻盈而优雅，那一袭黑色长裙，轻扬且飘逸，女性的柔美被充分体现出来。”当天上午，趁着军训休息间隙，学长们身着自制的环保服，优雅地走进军训场地，主持人为每一件时装作品作了详细介绍，包括时装的创作初心、设计理念、制作材料等。

“真的没想到，这么好看的时装竟然是用回收的废弃物制作的，学长们真是太厉害了。”时装秀还在继续，学弟学妹已经尖叫连连。新生张天宇说：“以前将使用过的纸张、塑料等直接扔进垃圾箱，从未想过回收再利用。以后，我也要做一个‘有心人’，增强垃圾分类意识，保护环境。”

“举办环保时装秀，让环境保护和废弃物回收再利用的理念在学弟学妹心里萌芽生根。”环保时装设计者赵悦欣说，希望学弟学妹能自觉爱护环境卫生，充当环保卫士，把大家共同的家园维护得更加美丽、漂亮。

（摘自今日顺庆）

全国科普日及生态环境课堂活动成功举行

礼赞共和国，智慧新生活！2019 年是中华人民共和国成立 70 周年，是全面建成小康社会的关键之年。为推进创新、协调、绿色、开放、共享的发展理念，普及科学知识，西华师范大学环境教育协会志愿者于 2019 年 9 月 20 日前往华凤小学，开展了主题为“世界因他们而更加丰富多彩”的生态环境课堂及生态环境科普活动。

当天下午，天气晴朗，阳光明媚，身穿绿色马褂的志愿者们趁着五年级三班的同学们还在上体育课，悄悄“溜”进他们的教室，在每一位同学的书桌上放了一本关于生物多样性的小册子以及几张印有各种动物的图片，满怀期待地等待着同学们的到来。毫不知情的同学们走进教室，看到大哥哥、大姐姐先是很惊讶，转而又很开心地跟大家打招呼，满怀欣喜地走回各自的座位，迫不及待地拿起志愿者为大家准备的礼物，然后欢快地同周围的小朋友讨论起来。

志愿者简短的开场便将气氛调动起来，简单有趣的游戏规则引得同学们跃跃欲试，图片与动物栖息地的匹配以及环境类的答题游戏将气氛推向了高潮，每位同学都认真地辨识着图片上的动物，同时向周围的小伙伴分享着自己手中的图片；当他们将与图片相对应的动物栖息地匹配起来时，便得到了志愿者一个印章的奖励……

时间在热闹的讨论声中悄然流逝，每位同学都通过自己的努力得到了志愿者们精心准备的奖品，本次活动也在大家的欢声笑语中结束。也许对小朋友们来说这是一次愉快的游戏时光，但殊不知生物多样性知识早已留在他们的心中。

（摘自西华师范大学环境教育中心官微）

■ 全国科普日系列环境教育与科普活动成功举行

为了贯彻落实《中华人民共和国科学技术普及法》，推进《全民科学素质行动计划纲要》的实施，提升大学生生态环境保护意识，西华师范大学环境科学与工程学院、环境教育中心（国家生态环境科普基地、川东北环境教育与科普基地、四川省中小学环境教育社会实践基地、四川省中小学生研学实践教育基地）联合国土资源学院、生命科学学院，围绕“保护生态环境，建设美丽中国”主题，开展了“环保科普创意大赛校赛作品评选”“军训场讲生态环境”“国家生态环境科普基地参观”等全国科普日系列环境教育与科普活动。

2020 年 9 月 20 日下午，2020 年四川省大学生环保科普创意大赛校赛作品评选活动举行。此次校赛的参赛作品有 43 份，经评委打分，最终选出 15 份主题明确、具有创新性和时代性、具有较强的艺术表现力和感染力，能够反映社会主义核心价值观并且具备一定生态环境科技知识的作品。环境教育中心副主任唐娅表示，学生参加环保科普创意大赛一定要将目光放长远，加强对社会的认识，紧随时代步伐，紧扣专业知识，继而凝练出具有较强感染力和创意性的作品。

9 月 22 日是“世界无车日”。为加强环境专业新生的专业意识、环保意识，环境教育协会组织了一次军训宣讲活动。志愿者高一平向新生讲解了无车日的由来、汽车尾气的危害以及如何采取行动。军训场上的新生们纷纷表示，今后在无车日将无车出行，平时乘坐公共交通工具出行或步行，做到低碳出行。

9 月 22 日晚，环境科学与工程学院副院长、环境教育中心主任李友平带领“大学环境教育”全校公共选修课学生、环境教育协会会员 50 多人参观了

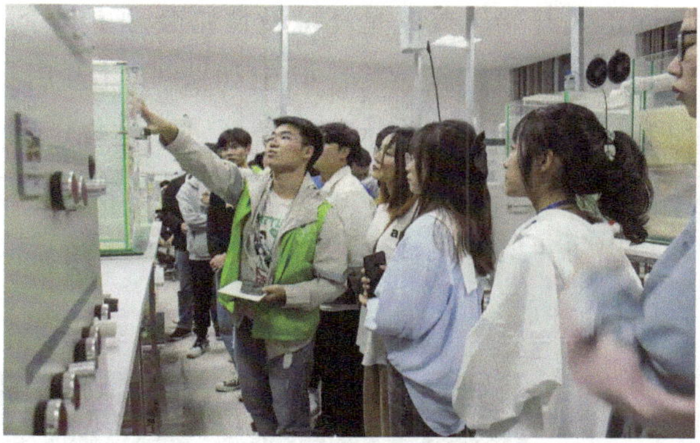

国家生态环境科普基地。活动开始前，李友平老师讲解了参观的目的、意义、线路、内容，强调了纪律和安全。环境教育协会志愿者带领大家，先后参观了污染防治实验室、地理标本馆和生物标本馆。通过参观学习，同学们了解了国家生态环境科普基地的历史，学习到节约水资源、保护生物多样性、爱护生态环境的相关知识以及重要性，增强了学习兴趣和热情，有利于养成自觉的生态环境保护习惯。

本次活动不仅体现了理论与实践的结合，还体现了各学院、各社团的协作，调动了各方参与生态环境科普的积极性。有同学感慨：“夜游师大，不虚此行。从二期到一期再返回二期，我所在乎的不是距离，而是能用脚步丈量大地，以实践得到真知。美丽中国，我是行动者。”

（摘自西华师范大学环境教育中心官微）

全国科普日活动走进新生军训场

2021 年是中国共产党建党 100 周年，是“十四五”开局之年，也是全面建设社会主义现代化国家新征程开启之年。全国科普日以习近平新时代中国特色社会主义思想为指导思想，以“百年再出发，迈向高水平科技自立自强”为主题。西华师范大学环境教育中心、环境教育协会围绕“碳达峰、碳中和”目标，于 9 月 17 日在学校军训场面向大一新生开展科普活动。普及生态文明知识，倡导绿色低碳生活，引导更多的大学生将建设美丽中国变成自觉行动。

在科普活动开展之前，环境教育协会对“碳达峰、碳中和”进行了线上科普，取得了良好效果。17 日晚，伴着小雨，现场宣传活动随着主持人的开场词正式开始。首先是环境教育协会理事长李飞娅以高考为出发点向大家提问是否接触过“碳达峰、碳中和”，以此开启了今天的科普之旅。随后，志愿者们利用拆字法向大家科普了“碳达峰、碳中和”，并利用对比的方法依次讲解了“蓝碳”和“绿碳”，引导大家从自己身边去践行绿色低碳生活，并指出每年的 9 月 22 日是“世界无车日”，倡导大家践行并带动身边的人绿色出行。

最后，志愿者张颖为大家带来以“共饮长江水”为主题的水资源科普活动。志愿者从长江的发源地开始，对长江的开发、长江受到破坏以及如何保护长江水生态环境 3 个方面展开讲解。向近 300 名同学发出倡议，在生活中爱水、节水、护水，加入到这一江碧水的守护之中。

此次科普活动获得了大家热烈的掌声，产生了巨大的反响。活动的最后，不少同学提出了关于此次科普活动的实际问题，志愿者们耐心地解答并进行进一步的科普。同学们都受益匪浅，并表示在今后的生活中会注重低碳生活，带动身边的人一起保护生态环境。

伴随着雾蒙蒙的天空、稀稀疏疏的雨水，科普活动在同学们的掌声中落下帷幕。

（摘自西华师范大学环境教育中心官网）

4.1.6　世界环境教育日（10 月 14 日）活动

西华师范大学举行首届世界环境教育日宣传活动

2017 年 10 月 14 日上午，由西华师范大学环境科学与工程学院、环境教育中心主办，环境教育协会承办的 2017 年首届世界环境教育日宣传活动在西华师范大学理科楼 A409 成功举办。本次活动的主讲人为西华师范大学环境科学与工程学院副院长、环境教育中心主任李友平，环境教育中心副主任、环境教育协会指导教师唐娅。环境教育协会 30 多名志愿者参加此次活动。

唐娅老师以国外一项极限运动为例，为大家介绍了海洋生物入侵的危害。生物入侵不仅破坏了当地的生态系统，而且影响整个生物圈的运行，最终影响人类的生存与发展。在唐娅老师的环保科普教育结束之后，李友平老师为各位会员作了“开展环境教育与科普，提高大学生创新能力”的环境教育讲座。李友平老师简单介绍了世界环境教育日的背景，然后为大家播放了环境教育中心宣传片，最后从环境教育中心发展、四川环境教育 1+N、环境教育与科普实践创新 3 个方面解读了如何通过环境教育与科普提升学生的实践创新能力。环境教育协会会员周真宇在现场说："在环境学院学习，又能在环境教育协会为我们的环保事业做出一份贡献，我觉得很幸运！"

"保护环境，人人有责"这不仅是一句口号，更是一种信仰。环境教育之旅，我们从未停歇！

（摘自西华师范大学环境教育中心官网）

廖小强论改变：环境教育与一个农村薄弱学校

2018 年 10 月 23 日，由生态环境部宣传教育中心、国家教育行政学院、大众汽车集团（中国）、中华环境保护基金会联合举办的中小学教师环境保护培训项目、千名教师环境友好使者"改变之年"环境教育实践大赛活动在位于北京的中日友好环境保护中心报告厅隆重举行。与会的四川省成都市龙泉驿区青龙湖小学校（以下简称"青龙湖小学校"）廖小强校长作为优秀教师、环境友好使者代表，作了《一个农村薄弱学校的蜕变》的报告。

学校生态特色凸显，成绩斐然，已经成为中小学环境教育的一张亮丽名片。青龙湖小学校位于成都市外环路以东，紧邻成都市最大的生态公园——青龙湖湿地公园。近年来，青龙湖小学校在生态教育理念的引领下，克服困难、加快发展，屡获殊荣。荣获"国际生态学校""全国小河长小湖长青少年环境志愿行动项目首批试点学校""四川省环境友好型学校""成都市绿色低碳示范单位""成都市环境友好型学校"等称号，并且中央电视台、四川电视台、成都电视台、《中国教育报》、《四川日报》、《成都日报》等几十家媒体对学校进行采访报道；各级领导和省内外几百所学校同行先后莅临参观指导。

在报告中，廖小强从"理念引领，我们的行为在改变；环境再造，我们的校园更生态；学科融合，我们的课堂真精彩；生态评价，我们的导向更多元；活动育人，我们的师生最幸福"这 5 个方面分享了他带领全校师生进行生态校园建设、开展环境教育活动，给学校、周边社区、学生家庭带来环境意识和环境行为改变的案例。此报告得到了领导、专家和其他与会者的充分肯定和赞许。

（摘自四川新闻网环保频道）

未来一定可期！融入环境教育协会

10 月 20 日下午，2019 年世界环境教育日暨西华师范大学环境教育协会会员见面大会（以下简称“见面大会”）在西华师范大学田家炳教学楼 A307 教室举行。西华师范大学环境教育协会会员、环境科学与工程学院学生会和团委会负责人、兄弟社团负责人及社团联合会负责人纷至沓来，共计 100 余人参加。

西华师范大学环境科学与工程学院副院长、环境教育中心主任、环境教育协会指导教师李友平为学生们带来题为“融入环境教育协会　助力环境教育与科普”的一课，他对世界环境教育日由来、环境教育中心以及四川环境教育 1+N 联盟进行了介绍。

随后，西华师范大学环境教育中心副主任、环境教育协会指导教师唐娅发言。她指出，环境教育协会是全国高校百强学生社团，并且协会成员张萍和潘丽旭荣获“全国十佳志愿者”，协会取得的成绩是学校、学院、中心大力支持和大家共同努力的结果，欢迎大家加入有爱、有传承、有特色、有未来的环境教育协会大家庭，促进个人德智体美劳全面发展，为环境教育与科普贡献一份力量。

在互动环节中，精彩的答题小游戏将活动现场“点燃”。在主持人幽默风趣的讲解中，生态环境的知识与游戏相结合，让大家体验到答题乐趣的同时，又收获不少环境教育方面的知识。

之后，便迎来了教学部、科创部、宣传部、会员部和办公室 5 个部门负责人满怀热情和期望的推介。最后，收官于一年一度的干事招聘。面试方有板有眼地“正襟危坐”，恨不得“刁钻”到头，只为选拔出优秀的人才；应聘方则是成竹在胸，以“只待东风”的姿态，时刻准备使出浑身解数。

时间飞逝，见面大会圆满结束。西华师范大学环境教育协会再一次注入新鲜的血液，每一位环境教育协会成员都坚信未来一定可期。

（摘自四川新闻网）

“碳惠天府 · 守护成都绿　低碳科普行”在蓉启动

2020 年 10 月 14 日是世界环境教育日。为建设践行新发展理念的公园城市示范区和国家低碳试点城市，在青少年和广大网友中推广绿色低碳生活理念，探索绿色低碳的可持续发展道路，10 月 14 日，由成都市生态环境局指导，四川环境教育 1+N 联盟主办，西华师范大学环境教育中心、成都市龙泉驿区青龙湖小学校、成都市大数据股份有限公司、成都信通信息技术有限公司共同承办的“碳惠天府 · 守护成都绿　低碳科普行”活动（以下简称“碳惠天府活动”）顺利开播。

为适应新媒体时代的传播规律，本次碳惠天府活动通过两大新媒体渠道，分别在野趣生境环境教育中心和青龙湖校区环境教育基地进行直播。野趣生境环境设计研究院的两位老师通过直播镜头向网友展示生物多样性和低碳科普知识，在镜头的带领下与网友们分享实验室中蝴蝶不同时期的形态、学校昆虫角内的动植物细微特征，生动形象地展示生态的多元与趣味，并向社会各界倡导绿色低碳生活的理念。

“找到开黄色花的植物”“在植物身上找到昆虫的痕迹”——在青龙湖校区直播的主播老师带领同学们通过任务打卡的方式认识动植物，同学们在昆虫角中小心翼翼地寻找，在有趣的游戏中理解生态保护的意义，大家纷纷表示愿意为保护生态环境、践行低碳生活贡献自己一份小小的力量。

据碳惠天府项目负责人介绍：“野趣生境是碳惠天府机制下的首批战略合作伙伴，双方将共同推动以‘碳惠天府’为品牌的碳普惠机制，持续丰富成都市绿色低碳普惠场景。之后，成都市民可通过在‘野趣生境环境教育中心’实地参观学习的行为获得相应的‘碳积分’。接下来，我们还将拓展‘碳积分’兑换方式，为大家提供更加多元、实惠、有趣的绿色低碳商品和服务。”

“保护生态环境的意识应该从小养成。”活动主办方四川环境教育 1+N 联盟有关负责人表示，“今天我们在孩子们心中种下一个种子，让他们接触自然、亲近自然，环境保护、低碳生活的理念自然就会在他们中传播扩散，影响他们的行为。”

据野趣生境的负责人介绍，世界环境教育日是在第九届世界环境教育大会上提出的，倡议将每年 10 月 14 日定为宣传日，更好地开展环境教育。今年通过时下流行的直播，将平时难以接触到的不同种类的蝴蝶和难以观察到的细节丰富的植物、昆虫展示给大众，在与网友的互动中答疑解惑，吸引更多人去关注生态、保护环境、低碳生活。后续也将开展更多顺应时代潮流的环境教育活动，将科普知识变得更加好玩、好懂、好用，让更多人加入到生态保护与低碳生活的行列中，壮大生态文明建设队伍。

（摘自人民网四川频道）

呵护湿地，共享碧水

2021 年 10 月 14 日，爱水一课堂之嘉陵站在四川省南充市华凤小学展开。来自西华师范大学环境教育协会的志愿者钟茜悦以“呵护湿地，共享碧水”为主题，围绕湿地生态系统的价值以及该如何保护生态环境的话题开展环境教育与科普。主讲人钟茜悦首先通过大家熟悉的印象嘉陵湿地公园，引导大家认识湿地，进而展开深入讲解。

在课堂中，志愿者还组织了同学们自己动手、操作简易的净水小实验。每位小朋友都被新奇的实验装置勾起了浓浓的兴趣。同学们积极地参与其中，整个课堂都被同学们的热情所包围，洋溢着快乐的气氛。实验结束后，同学们知道了相关原理，对怎样保护湿地也有了更加深入的了解。

课堂的最后，钟老师还让同学们总结了今天课堂上所学习到的知识，并在精美的小卡片上写下“保护嘉陵江湿地”的环保标语。志愿者选取了几位同学的环保标语进行展示。看得出，这堂课让同学们增进了生态环境保护特别是湿地保护的意识。

在同学们的依依不舍中，志愿者们圆满地结束了今天的环保科普生态课堂，期待与大家的下次相见。

（摘自西华师范大学环境教育中心官网）

4.2 长期环境教育与科普活动

■ 幼儿园开展“小手真灵巧，废物快变宝”活动

2016 年 5 月 25 日，南充市垃圾分类促进中心在四川省南充市莲池幼儿园开展“小手真灵巧，废物快变宝”活动。参加活动人员达 500 多人次，有来自南充市垃圾分类促进中心的全体员工及志愿者，更有环都路社区的学校老师、学生和家长等。在现场，虽然天空中飘着雨，但丝毫没有影响参与者的热情。家长们领着学生拿着纸壳、报纸、矿泉水瓶等，高兴地兑换到了铅笔、作业本、橡皮擦和拼图等。

此次活动目的是在学生心中树立“垃圾要分类，分类是资源”的理念，同时借以影响更多的家长。致力于推广垃圾分类处理的南充市垃圾分类促进中心的王元顺，面对此情此景，细致道来：“目前我个人已经投入 100 多万元了，所以很希望得到政府的支持，毕竟这是影响深远的环保事业。”对自己接下来要做的事情，王元顺也有清晰的目标：“争取 3～5 年，覆盖整个南充市吧。”

据悉，这次活动源于今年 4 月 8 日。当时，在南充市西华师范大学举行的“四川环境教育 1+N 项目签字暨工作交流会”上，南充市莲池幼儿园就提出进行幼儿环境教育的具体事宜。所以，就有了今天活动的开展。

西华师范大学环境科学与工程学院副院长、环境教育中心主任李友平称赞：“做得很好，四川环境教育 1+N 项目，不只是‘1’带动‘N’，也可以‘N’之间合作共赢！”

（摘自四川新闻网）

“我为垃圾找个家”环保课堂在新复乡小学顺利举行

2016 年 11 月 22 日，由西华师范大学环境教育协会举办的“我为垃圾找个家”环保课堂活动在新复乡小学顺利举行。

环保重在教育。22 日下午，环境教育协会成员到达新复乡小学，在经过简单的自我介绍后，活动迅速进入主题。环境教育协会的小伙伴通过幽默风趣的方式向小朋友们讲解了垃圾分类小知识。小朋友们无不积极认真，听讲的同时不忘用笔记录。在环保问答环节，小朋友们踊跃回答。其中一位小朋友认真地说道：“喜欢这次讲课，不仅进一步明白了垃圾分类的知识，而且收获了快乐。”活动最后，通过环保倡议，号召垃圾分类，大家一起行动。

通过此次活动，不仅使大家更加全面地了解到我们赖以生存的地球母亲所面临的资源危机现状，还增强了同学们的低碳环保意识和时代使命感。另外，可以号召同学们在以后的日常生活中，从身边事做起，从小事做起，用自己的实际行动来保护地球母亲，共建美好家园。随着世界经济的发展，保护环境的重要性正在慢慢地体现，面对日益减少的资源，人们对环境终于逐渐重视起来，无论是从城市到农村，还是从长者到幼童，对“保护环境，从我做起”的口号都耳熟能详。相信在不久的将来，环境保护的梦想将触手可及。

（摘自西华师范大学环境教育中心官网）

“垃圾分类，我先行”——环保课堂营山行

2016 年 12 月 20 日，由西华师范大学环境教育中心主办，西华师范大学环境教育协会承办的“垃圾分类，我先行”环保课堂在四川省南充市营山县城南第二小学顺利举行。

在张翼老师的带领下，环境教育协会的两名志愿者来到营山县城南第二小学，让志愿者们印象深刻的是整洁的校园、热情的老师、可爱的孩子们。

活动开始后，志愿者作了精彩的自我介绍，带动了课堂上的气氛。主要通过 PPT 展示、口头教学的方式来完成此次课堂。

课堂主要分为 4 个板块：首先，通过比较干净整齐和垃圾横行的两组照片，让同学们对环境现状有了初步认知；其次，结合视频，为同学们讲解了何为垃圾分类、垃圾分类的方法与垃圾分类的意义，将垃圾分类的含义更加生动地传达到孩子们的心中；再次，通过环保知识小竞答的形式，让同学们在回答问题的同时巩固所学知识，同学们积极踊跃地回答着每一个问题；最后，此次课堂在环保倡议中接近尾声。希望通过今天的学习，同学们对垃圾分类问题有更进一步的了解，希望同学们可以把今日所学运用到实际生活中。倡议大家从我们身边的每一件小事做起，爱护我们的环境，保护我们的地球。

通过这次活动的顺利举行，看到了孩子们洋溢着青春活力的笑容，西华师范大学环境教育中心将环保精神更好地传播到中小学生的心中。这次活动也提高了中小学生对环保的兴趣，让环保意识深入人心！

（摘自西华师范大学环境教育中心官网）

■ “小手拉大手　分类好帮手”，垃圾分类“从娃娃抓起”

2017 年 1 月 13 日下午，南充市垃圾分类促进中心、南充市第十中学附属小学开展以“小手拉大手　分类好帮手”为主题的垃圾分类活动。在该校体育馆里，同学们带着家长，拎着废书废报、废塑料瓶、废电池等废旧用品，兴高采烈地一起来参加环保行动。他们与志愿者们一道，在帮助垃圾找到“家”的游戏中学会垃圾分类；同时，用自己带来的废旧用品直接换取作业本、水彩笔、橡皮擦、铅笔、拼图等，体会到垃圾分类带来的价值。

据了解，南充市垃圾分类促进中心成立于 2014 年，至今已主办“以垃圾换蔬菜、日用品”类似活动上千场，影响民众 40 000 余人，共减少生活垃圾 200 余 t。南充市垃圾分类促进中心是四川环境教育 1+N 联盟成员，其负责人王元顺表示：“作为环境教育基地，将垃圾分类知识带进校园，这是我们的一项重要工作。因为开展垃圾分类要从源头抓起，应该从娃娃抓起。从幼儿园、小学开始培养，让他们从小树立垃圾分类的意识和习惯。”

（摘自四川新闻网）

植树节离我们很近！环境教育 1+N：回收废纸播种绿

大家都知道，每年 3 月 12 日是中国植树节。现今，植树节更成为人们倡导生活方式绿色化的一个契机。2017 年 3 月 12 日，由西华师范大学环境科学与工程学院、环境教育中心主办，环境教育协会承办的“3 · 12”植树节活动在西华师范大学华凤校区二期食堂门口成功举行。环境教育协会指导教师唐娅与志愿者们一起发出宣言：垃圾分类银行，回收废纸，播种绿色。

活动现场数十名志愿者身着绿色环保志愿服，冒雨为来往的师生介绍此次活动的意义。为宣传植树节的意义和低碳生活的概念，环境教育协会将垃圾分类银行与植树节相结合，采取积分兑换规则，通过回收废纸，换取积分，再由积分换取不同的绿色盆栽。为了宣传植树节的意义并鼓励同学们积极参与到本次活动中，在植树节当日还采取了积分双倍的原则。此次活动让许多的学生了解了绿色环保生活的意义，在宣传垃圾分类银行的同时，也告诉了大家垃圾分类、垃圾循环利用的意义所在。

通过本次活动，更多同学开始重视“3 · 12”植树节，他们也关注到当代的环境问题。在环境教育协会的宣传理念中，植树的方式不仅是单一的植树，回收废纸、循环利用也是变向植树的方式之一。

西华师范大学环境教育中心主任李友平介绍到，在四川环境教育 1+N 项目推动下，我们的活动越来越有特色、越来越接近生活。

（摘自四川新闻网）

厉害了　南充娃娃与“鹰”对视！西华师范大学：小学生在研学环保

在西华师范大学生命科学学院生物标本馆，一个关注环保的南充娃娃久久地与“鹰”对视。“唐娅老师，听说咱们西华师范大学的环境教育做得好，我们的孩子能不能来参观学习？”西华师范大学附属小学校的一位学生家长打来电话。“欢迎你们来参观学习环保，我们正在创建国家生态环境科普基地，也请你们多提意见。”西华师范大学环境科学与工程学院、环境教育中心副主任唐娅热情礼貌地回应。据悉，小学生研学环保的活动一经推出，像这样的咨询电话就接入近 30 通，因为名额所限，很多关心娃娃、关注环保的家长只能等待下一次活动了。

2017 年 11 月 12 日上午，西华师范大学环境教育中心教师和环境教育协会的一群身穿绿色马甲的志愿者站在校门口迎接小朋友及其家长。在他们的带领下，30 多名西华师范大学附属小学校学生和家长来到体育馆门口。“污染防治实验室是什么样的？”“地理标本、生物标本是什么样的？”按捺不住的小学生们，不断地向身边的环境教育中心教师和志愿者们打听着。

随后，在志愿者的带领下，小朋友们依次参观了污染防治实验室、地理标本馆、生物标本馆。在实验室中，志愿者王梁为小朋友们精心准备了一场环保课堂——测试自然水的硬度。在国土资源学院地理标本馆，胡翠华老师细致地向小朋友们讲解各式各样的地质标本，还指导小朋友们使用显微镜观察标本。在生命科学学院生物标本馆，志愿者陈重光特意为小朋友们准备好了手套和口罩，耐心地给他们讲解大熊猫等的动物标本。小朋友们每到一处

都认真地看、仔细地听，还不停地问，对环保科普表现出极大的兴趣。

西华师范大学环境科学与工程学院副院长、环境教育中心主任李友平在小学生参观结束后讲："感谢各位家长的陪伴和守候，让孩子们度过一个愉快有意义的周末。环保在路上，你我共努力。希望各位家长及小朋友再次来我们学校参观学习环保，也欢迎你们的同学和朋友来研学环保。携手共创天蓝、地绿、水清！"

（摘自四川新闻网）

建设生态文明校园　爱护绿草红花蓝天

2017 年 12 月 11 日，西华师范大学附属小学校开展创建国际生态学校暨生态委员会成立启动仪式。

大队委辅导员向广大师生发出倡导，希望大家从身边一点一滴的小事做起，爱护我们共同的家园。通过生态项目的探究，把生态校园的建设升华为师生们的自觉行为，把生态学校项目和教育教学质量提升融合在一起，共同促进学校的特色教育，积极推动学校的可持续发展。借此，辅导员宣布通过向广大学生征集"我的环保金点子"来选出国际生态学校委员会的学生代表。孩子们都很积极地为改善学校环境出谋划策！

2017 年 12 月 18 日，我校公布国际生态学校委员会成员名单。其后，国际生态学校委员会学生代表黄禹衡上台发言，呼吁同学们在日常生活中要时刻记得节约环保，并表示会以身作则，做一名环保小达人。

西华师范大学附属小学校将倡导校园绿色、低碳、健康生活，逐步推进此项工作向纵深发展，开展校园绿色种植、垃圾分类处理等活动，将绿色环保行动与课程教育联系起来，使绿色环保理念在师生中生根发芽！

（摘自西华师范大学附属小学校官网）

营山县金华希望学校创建国际生态学校启动

2017 年 12 月 29 日，四川省南充市营山县金华希望学校举行了"节、净、绿、美"创建国际生态学校启动仪式。在仪式上，营山县委副书记朱胜

国致辞，勉励全体师生尊重自然、顺应自然、保护自然，以创建国际生态学校为契机，搞好生态文明建设和生态文明教育，为营山教育事业再添新功；营山县副县长梁红光祝愿创建国际生态学校取得圆满成功。启动仪式由营山县教育局党委书记、局长蔡红兵主持。

南充市营山县金华希望学校党支部书记、校长李仁强作了《创建国际生态学校筹备工作报告》，向全体与会人员介绍了创建国际生态学校的背景、原因，已经完成的工作和取得的成效，最后他希望有更多的人及早主动加入生态文明教育的行列，争取如期成功建成国际生态学校，引领社会环保新风尚。

在仪式上，营山县教育局党委书记、局长蔡红兵宣布了营山县金华希望学校创建国际生态学校执行委员会的成员名单并为他们颁发了聘书。据悉，执行委员会包括 55 名学生环保委员和 21 名绿色小记者、9 名家长委员、15 名教师委员、3 名环保专家委员、2 名社区委员、4 名非教育系列委员和 6 名特邀委员。随后，来自西华师范大学创建活动的专家委员代表唐娅、教师委员代表罗艺和学生委员代表李科谕分别发言。

仪式结束后，创建国际生态学校执行委员会的全体委员和与会领导参加了环保签名活动。李仁强最后表示，这次创建活动的启动就是向新环保法致敬。

据了解，当日上午，作为创建活动的专家委员，四川新闻网环保频道主编卢永洪还为 21 名绿色小记者作了培训。卢永洪以《亮出“环境手印”》为题，从四川省首届环境科普大“讲”赛的由来，再讲到长江中上游生态屏障建设及“三江”流域的嘉陵江水，倡议小记者们将问题交给专业的人，从我做起汇聚正能量；在国际生态学校的创建中，用 3 分钟视频大讲环保，演绎“四川绿色小记者，你就是网红”的最新篇章。

（摘自四川新闻网）

■ 西华师范大学师生带你学习《中华人民共和国水污染防治法》

新年第一天怎样过？西华师范大学师生带你学习环保法律法规。2018 年 1 月 1 日，由西华师范大学环境科学与工程学院、环境教育中心主办，环境教育协会承办的，以“法律在心，环保在行，学习《中华人民共和国水污染防治法》”为主题的环保科普活动在西华师范大学华凤校区顺利举行。活动旨在宣传《中华人民共和国水污染防治法》，提升在校师生环境保护意识，让大家对环保法律法规有所了解，做到法律在心、环保在行。

为了活动有效高质量地进行，志愿者们早早地来到了活动场地进行相关资料准备。活动在主持人开场中开始，通过主持人的介绍，参与者们逐渐了解相关环保知识。与此同时，志愿者们深入讲解并分发环保宣传册。此外，环保“问答互动”环节深受大家的喜爱，参与者限时回答问题，在有关水污染防治法题库中抽取相关问题进行有奖竞答，通过互动的方式加深参与者对环保的了解。在活动现场，更有唐娅老师到场指导，并有留学生参与留言。

这是西华师范大学师生宣传环保法律法规的具体行动。据了解，这是西华师范大学环境教育中心定期开展“10+2”环境教育、环保科普活动之“1 月 1 日环保法律法规宣传”的第 4 个年头，此前开展了《中华人民共和国环境保护法》《中华人民共和国大气污染防治法》等环保法律法规的宣传活动。相信通过大家的共同努力，我们的环保意识必将逐渐强化。

（摘自四川新闻网）

把环境教育从大学延伸到幼儿园

在位于南充市的西华师范大学教室里，39 岁的李友平站在三尺讲台上，绘声绘色地向台下的学生们讲述环境专业知识。

一晃 20 年，李友平已经从激扬青春的求学少年，变成意气风发的大学教师。不变的是，他一直在环保领域不断地学习、成长，并持续开展环境教育与科普工作。

这些年，一张张青春的面庞在李友平的培养下，立志扎根环境事业。李友平牵头成立的环境教育中心和环境教育协会，开启了四川环境教育 1+N 模式，向数万人传播环保理念。

育环保人才　部分学生成为环境领域中坚力量

1998 年，李友平考入西安工程大学环境工程专业，从此与环保结下不解之缘。之后，他在四川大学、中山大学继续学习深造。

2005 年，他来到西华师范大学，在环境工程专业从事教学工作。在一次次讲授“大气污染控制工程”“大学环境教育”等课程中，他意识到环境教育不应只面对专业学生，全校学生都应该加入进来。

在他的牵头下，2010 年 9 月，西华师范大学环境教育中心成立，并首次开设全校公共选修课“大学环境教育”，全校各个专业的学生都能选课。

如今，李友平已是桃李满园。他培养了西华师范大学环境专业本科毕业生 900 余人、非环境专业学生 1 200 余人、环境科学专业研究生 3 人，其中有许多学生已经成为环境管理、环境监察、环境监测等领域的中坚力量。

建科普基地　开启四川环境教育 1+N 模式

虽然已经在大学开展了环境教育，李友平依然很焦虑。他觉得只有公众的环保意识提高了，环境政策的执行、环保措施的落实和环保技术的开发才能顺利开展。

2014 年，他牵头成立环境教育协会，开启四川环境教育 1+N 模式，在生态环境单位、中小学建立西华师范大学环境教育基地共计 60 余家。

“通过这个平台，有意愿的中小学能和我们一起做环境教育与科普。”李友平说，现在不少中小学已经建立了环境教育基地，这群娃娃从踏进学校的大门就开始接触环境教育。截至目前，环境教育中心开展环境教育与科普活动的参加人数已达 40 000 余人次。

2016 年 1 月，西华师范大学被四川省教育厅、四川省环保厅命名为“四川省中小学环境教育社会实践基地”。同年 11 月，西华师范大学加入联合国环境规划署“全球环境与可持续发展大学联盟”。2018 年 3 月，西华师范大学被生态环境部、科学技术部命名为“国家环保科普基地”。

回顾自己的环保育人历程，李友平用六个字概括：主动、用心、持续。“多年的环保育人工作笃定了我的初心，希望通过精准的环境教育，人人都成为环保的传播者和践行者。”李友平说。

（摘自华西新闻网）

大学研修班“拜师”小学校？

大学研修班“拜师”小学校？这是真的。2018 年 9 月 11 日下午，四川大学经济学院郑州市金水区生态文明建设与可持续发展专题研修班的 65 名学员和老师来到四川省成都市龙泉驿区洪安镇。在洪安镇林副镇长的带领下，他们走进生态环境美丽的洪安小学。白兰逞校长和学校领导班子对远道而来的客人表示热烈的欢迎。学员们参观校园，走进学校“绿色、环保、科技”的生态环保科普实践基地，深入了解学校开展生态文明教育的情况，对学校长期坚持开展垃圾分类、堆肥循环利用、生态种植、生态创意等生态环保特色活动，以及开发建设“循乐童年”的生态文明校本课程大加赞许。

“走进校园，就像走进美丽的度假村一样。”学员们在白兰逞校长的带领下走进环保银行、怡心湖、诗书生态绿廊、生态创意空间、循乐园，一边参观一边赞叹，优美的校园中处处都能品味到浓浓的生态文化的“味道”。

洪安小学坚持“生态教育，为孩子生命精彩奠基”的办学理念，厚植生态文化，营造生态文明教育环境；积极探索全员、全程、全域的生态教育实践，构建人、时、空“三位一体”的生态教育长效机制；开发建设“循乐童年”生态文明校本课程；开展垃圾分类、自制肥皂、堆肥循环利用、废旧创艺等特色生态环保系列活动；开展“小手拉大手”家校互动的环保活动，带动家庭影响社区，提升师生、家长和社区居民的生态文明素养。参观途中，学员们听到白校长介绍学校开展生态环境教育的情况时，情不自禁地拍照并赞不绝口道：“孩子们在这样的环境中学习真是幸福。”“要做好全民垃圾分类，保护环境就得从孩子抓起，从学校做起。洪安小学就是一个典型的案例。”

小学生态文明教育可有“大文章”。生态文明教育要从娃娃抓起是国策，而洪安小学就是率先垂范的行动者之一，所以这次“惹”来大学研修班的考察也就不足为奇了。

（摘自四川新闻网）

创新生态文明教育！何平均在龙泉驿开讲

2018 年 9 月 12 日，新晋获选“四川首届十大绿色先锋”称号的何平均来到四川省成都市龙泉驿区，在跃进小学校五楼会议室宣讲生态文明教育。他从 7 个方面，以《创新驱动绿色发展，生态文明引领航向——中小幼生态文明教育的创新与实践》为题阐明了一点，即注重项目打造以实现可持续的生态文明教育。本次宣讲活动由跃进小学校杨元建副校长主持。

在四川环境教育领域，72 岁的何平均拥有很多“光环”。身为四川省环境科学学会环境宣传教育工作委员会副主任委员的他，是四川省自贡市富顺二中退休教师，长期扎根中小学、幼儿园，从事环境科技创新教育。他也是全国优秀科技辅导教师。曾获 1 届“地球奖”（个人奖）、3 届全国“福特汽车环保奖”、四川省政府教学成果一等奖。

据了解，针对跃进小学校环境教育的实际情况，何平均还将对该校骨干教师进一步开展“一对一”的具体指导。

（摘自四川新闻网）

全国自然教育论坛丨西华师范大学李友平分享“两大重量级”

2018 年 11 月 9 日，第五届全国自然教育论坛在成都市正式启幕。在论坛上，四川新闻网记者与他相见，说起近况的他分享道：“能够受邀参加环境教育论坛并主持分论坛，参加自然教育论坛并作报告，一方面是我校主动、用心、持续开展环境教育与科普的结果；另一方面是社会各界对我校环境教育与科普工作的肯定。”他，就是西华师范大学环境科学与工程学院副院长、环境教育中心（国家生态环境科普基地）主任李友平。他的一席话，带出的是“两大重量级”论坛。

11 月 6 日，以“合作、共享、创新与行动：迈向未来的区域环境与可持续发展教育”为主题的“海峡两岸暨香港、澳门环境与可持续发展教育论坛 2018 年年会”在深圳召开。论坛由生态环境部宣传教育中心主办，深圳市华基金生态环保基金会和欢乐海岸承办。来自全国各地的政府代表、学校代表、环境教育机构代表近 300 人参加。

李友平应邀参加环境教育论坛，并主持“中小学优秀环境教育理念分享”分论坛。受李友平邀请到场交流的有成都市青龙湖小学校廖小强、成都市西安路小学校刘莉、济南市回民中学杨长寨、上海市曹杨中学周刚、人民教育出版社丁尧清和中华环境教育学会林佳青 6 位环境教育专家。大家分别通过报告、访谈、讨论的形式，就课程开发、活动设计、国际生态学校创建等内容进行分享。李友平认为，整个分论坛内容丰富、形式多样，紧紧围绕中小学环境教育展开，60 多名环境教育工作者全程参与。希望实现学校环境教育全覆盖、增加报告时间、加强互动交流、注重学生养成自觉的生态环境保护习惯。

11 月 9 日，由全国自然教育网络、阿里巴巴公益基金会主办，四川省生态环境厅、四川省林业厅指导，以“扎根本土，回归生活”为主题的第五届全国自然教育论坛在成都启幕。600 多位自然教育相关从业者、专家学者、基金会代表出席活动。应福建师范大学环境科学与工程学院副院长、福建省环境教育学会会长苏玉萍邀请，在“城市水环境教育”分论坛上，李友平作了“基于四川环境教育 1+N 平台的全学段城市水环境教育与科普”主题报告。他在介绍学校环境教育的发展历程、师资队伍、硬件设施基础上，重点阐述了四川环境教育 1+N 模式及其“三个一”交流平台、“双微一群一网一手册六简报”传播渠道，最后全面分享了全学段水环境教育与科普的背景、目标、方法、途径和效果。

11 月 11 日，第五届全国自然教育论坛在成都收官。李友平告诉四川新闻网记者：“我们西华师范大学将一如既往地开展环境教育与科普工作，凸显环境科学与工程学科特色，丰富环境专业本科生的第二课堂，更好地为生态文明建设和生态环境保护服务。”

（摘自四川新闻网）

福建省环境教育学会会长苏玉萍教授一行来西华师范大学环境科学与工程学院交流

2018 年 11 月 12 日上午，福建师范大学环境科学与工程学院副院长、福建省环境教育学会会长苏玉萍教授、博士生导师携福建师范大学城市水环境教育团队和福建农林大学张玮尹副教授团队一行 7 人，来西华师范大学环境科学与工程学院进行学术交流。环境科学与工程学院党委书记任丽平、院长黎云祥、党委副书记杨艳、副院长李友平及部分师生参加了此次交流活动。

交流会上，苏玉萍会长作了题为“流域生态环境保护社会共治和环境教育实践”的学术报告，向大家介绍了福建师范大学环境教育研究团队围绕流域水环境生态保护和环境教育所做的一系列工作，并与师生们进行了热烈的互动交流。随后，李友平副院长带领苏玉萍一行，先后参观了国家生态环境科普基地的地理标本馆、生物标本馆和垃圾分类银行等环境科普点，环境教育协会志愿者全程为参观人员进行了详细的讲解。

下午，环境科学与工程学院院长黎云祥、副院长李友平及部分教师在理科楼 A402 会议室与苏玉萍会长一行进行交流座谈，双方介绍了各自环境科学与工程学院的发展历程，并就人才培养、科学研究、环境教育研究等方面交换了意见，双方希望今后多交流，携手促进共同发展。

本次交流会促成了西华师范大学环境教育中心的进一步发展，也为环境科学与工程学院人才培养、科学研究提供了参考。

（摘自西华师范大学环境科学与工程学院官网）

开辟屋顶种植区　实现绿色无公害

2018 年 11 月 24 日上午，四川省南充市营山县金华希望学校对在屋顶种植的绿色无公害蔬菜进行了今冬第一次采摘和销售。在国际生态学校创办之初，营山县金华希望学校在金华楼楼顶开辟了一块蔬菜种植区。种植区主要是以废旧桌椅和无毒害泡沫箱为载体，由学校雇请工人进行造型和填土，然后利用周末和课余时间，发动学生自己动手松土、翻土、播种、除草、浇水，蔬菜成熟后再由学生自己动手进行采摘、清洗、整理和销售。让学生参与到蔬菜从播种到丰收的全过程，旨在引导和教育学生热爱劳动、热爱生命、珍爱生态环境，从而保护生态环境，实现天蓝、地绿、水清的目标。

据悉，本次收割的蔬菜是同学们在老师的帮助和指导下于今年国庆节期间栽种的，有上海青、小白菜、菠菜、象牙白等多个品种。经过近两个月的悉心栽培，蔬菜喜获丰收。为了让更多的人了解营山县金华希望学校创办国际生态学校的初衷，部分学生在张洪华老师和胡超宇老师的带领下，于 24 日上午在金华希望学校校门口对采摘的新鲜蔬菜进行了销售，销售过程中因为蔬菜新鲜干净、无污染、无公害，出现了供不应求的局面。

本次活动不仅让学生体验到了劳动带来的收获与快乐，还让生态文明的理念进一步根植于金华希望学校的学生们心中！

（摘自西华师范大学环境教育中心官网）

自然教育专家“山猫”老师张涛来到西华师范大学

人被称为“万物之灵”。人类是否真的了解过养育我们的大自然呢？居于自然之外，心向往之！在闹市中，感悟自然！

2018 年 12 月 8 日上午，四川小寨子沟国家级自然保护区管理处自然教育专家“山猫”老师张涛来到西华师范大学，与环境教育协会的志愿者和西华师范大学附属小学校学生及家长们进行了一场有关自然的心灵之旅。环境科学与工程学院副院长、环境教育中心（国家生态环境科普基地）主任李友平在现场也分享了自己对自然教育的理解，同时对张涛老师的到来表示诚挚的感谢。他说：“对小朋友进行自然教育，也正是对他们进行环境教育的启蒙，我们其实都是在为一个目标，让大家怀着一个感恩的心来对待自然环境。”

“山猫”老师从“自然”中来，在“自然”中感悟教育，他用最简单的方式为小朋友们描绘出他心中最生动的自然乐园。他作为领队人，教会小朋友们如何辨识动植物的特点；教会小朋友们如何对动植物进行分类；教会小朋友们要具有一双善于发现美的眼睛。最后，“山猫”老师分享了他与大熊猫的一段“情缘”，并让志愿者们和小朋友们一起领略了大熊猫的自然生活，许多小朋友都告诉志愿者：“我们都很喜欢‘山猫’老师，他讲的故事很有趣，我们都很喜欢听！”

随后，李友平老师与张涛老师带领志愿者与小朋友们来到国家生态环境科普基地生物标本馆参观了动物标本。“山猫”老师说：“能够这样近距离接触到动物，对小朋友进行自然教育是最好不过的了，小朋友可以从标本上了解到动物的特征，从特征上可以学到动物的习性以及它们的分类。”能够这样近距离接触到标本，了解自然界的奥秘，连环境教育协会的志愿者都觉得是不可多得的机会。志愿者表示：“希望‘山猫’老师今后多来学校，指导我们更好地开展自然教育。”

（摘自四川新闻网）

四川省“环保大传播”活动走进驻市高校

2018 年 12 月 10 日下午，由四川省人大城乡建设环境资源保护委员会、四川省科学技术协会指导的“环保大传播”走进高校系列活动首站在西华师范大学开讲，活动主办方邀请环保领域专家学者，围绕环境科普与宣传进行了精彩讲解。在“环保大传播”讲解现场，四川省生态环境厅环境污染源普查方面的专家以及成都资深媒体人士、2018 年“成都最美环保人”、四川环境科普大“讲”赛“环保大传播”联盟发起人卢永洪与师生分享环保工作理念、方法、工具，以及南充市加强污染防治的举措及成效。卢永洪认为，加强环保知识普及，应该充分发挥学校、社区和科技人员、大学生、中小学生的作用，加大环保科技知识、理念的传播力度，共同维护绿水青山。

此次全省“环保大传播”走进高校系列活动将在全省 8 所高校开展，西华师范大学是首站。今年 4 月，生态环境部、科学技术部公布了第六批国家生态环境科普基地名单，全国共有 24 家单位成为国家生态环境科普基地，西华师范大学是四川省唯一获此称号的大学。活动组委会负责人认为，西华师范大学高度重视环境教育与科普工作，是四川省南充市环境教育基地以及四川省中小学环境教育社会实践基地，并加入了联合国环境规划署创办的“全球环境与可持续发展大学联盟”，也是“环保大传播”活动首站，目的是让更多师生加入环保知识传播队伍中，让其成为环保知识传播的人才培养“孵化”基地。

（摘自《南充日报》官网）

“美丽中国　我是行动者”宣讲走进南充市 3 所高校

为深入学习贯彻党的十九大精神和习近平生态文明思想，切实提高在校大学生的生态环境保护意识，由四川省生态环境厅指导，四川省环境科学学会、四川省环境保护宣传教育服务中心主办的“2018 年环保宣讲进机关、进高校、进企业活动”分别于 12 月 16 日、20 日、24 日在位于四川省南充市的西华师范大学、川北医学院、西南石油大学 3 所高校进行。宣讲者是四川省教育改革创新发展典型案例教师、“四川省首届十大绿色先锋”、西华师范大学环境科学与工程学院副院长、西华师范大学环境教育中心主任李友平。

李友平老师以“美丽中国，我是行动者”为题，从美丽中国、美丽中国我是行动者、创新创业与环保科普创意大赛这 3 个方面开展宣讲。首先，讲述了美丽中国的提出、目标、要求、原则和内容，分享美丽中国的目标一定能实现，需要大家携手长期努力。其次，阐述了六五环境日主题“美丽中国，我是行动者”提出的背景和目的，和大家分享了生态环境部制作的海报、歌曲、视频等宣传资料，重点解读了《公民生态环境行为规范（试行）》。李友平老师呼吁在校大学生对照行为规范，从我做起，从现在做起，从身边小事做起，积极践行“美丽中国，我是行动者”和“绿水青山就是金山银山”理念。再次，指导了在校大学生将生态环境保护与创新创业结合，通过选题、组队、研究、撰写四步，积极开展创新创业，做“美丽中国，我是行动者”实践者。最后，与同学们分享了“全国大学生节能减排社会实践与科技竞赛”、“四川省大学生环保科普创意大赛”和“四川省环境科普大‘讲’赛”等的优秀案例，希望同学们在生态环境保护创新创业中锻炼能力，收获惊喜和成功。

在这三场讲座中，李友平老师通过生动有趣的讲解、频繁的交流互动、贴切的优秀案例列举，赢得了 800 多名在场师生的热烈掌声，发放《公民生态环境行为规范（试行）》宣传单 800 余份。现场的青年学子深受启发，对生态环境保护有了进一步的认识，纷纷表示要勇担时代责任，以身作则，争做生态环境保护和美丽中国建设的行动者！

（摘自四川新闻网）

如何开创绿色发展的大气人生？

2019 年 3 月 26 日上午，西华师范大学环境科学与工程学院于田家炳教学楼 A502 举办了以“如何开创绿色发展的大气人生”为主题的学术报告会。学院各党政领导参加了此次报告会。

报告会初始，学院党委书记任丽平为学术报告会的主讲人——生态环境部华南环境科学研究所副研究员张毅强博士颁发客座教授聘书。首先，张毅强教授从哲学角度分享了做人做事的“大气人生”。其次，从环境专业领域讲解了“大气人生”的研究，强调要用辩证的思维去思考过去、当下以及未来的环境状况。最后，学院副院长李友平作总结发言，他希望同学们在学好专业的同时，能够认真地思考人生。

（摘自西华师范大学环境科学与工程学院官网）

近 500 名小学生走进西华师范大学国家生态环境科普基地参观学习

2019 年 3 月 28 日，西华师范大学附属小学校二年级近 500 名小学生走进西华师范大学国家生态环境科普基地，开启了一场生态环保研学旅行。

环境教育中心副主任、环境教育协会指导教师唐娅简要介绍了国家生态环境科普基地“5+2”环境教育与科普点的情况。“我与‘蓝天碧水’有个约定”生态环保研学旅行的志愿者们向小学生发放了西华师范大学环境教育中心宣传手册、环境教育与科普点折页、《公民生态环境行为规范（试行）》宣传单。随后，小学生们分小组依次参观了污染防治实验室、生物标本馆、大气监测综合站等，志愿者们还表演了魔术、环保时装秀和舞蹈，制作了叶脉书签、展示了航空模型，并与小学生们进行了游戏互动。小学生们体验了一场非同寻常的生态环保研学旅行，个个脸上洋溢着灿烂的笑容，不仅学到了生态环保知识，也与生态环保结下了不解之缘。

环境教育中心主任李友平表示，小学生们来校参加生态环保研学旅行，体现了中小学对生态文明教育的重视。西华师范大学通过联合其他 3 家科普基地和多个学生社团，提高了科普接待能力，丰富了科普内容和形式，宣传了学校专业特色，锻炼了大学生的实践创新能力。

据悉，此次活动由西华师范大学国家生态环境科普基地、西华师范大学生物标本馆、四川省川北历史文化普及基地、川东北航空模型科普教育基地主办，西华师范大学环境教育协会、魔术协会、生物学会、航空模型协会承办。

（摘自西华师范大学新闻网）

■ “大学环境教育”长啥样儿?

2019 年 10 月 27 日上午，“大学环境教育”全校公共选修课暨“6+1”环境教育与科普活动之生态环境课堂参观活动举行，来自选修课的学生及环境教育协会的志愿者共计 40 余人参加。

学生和志愿者早早来到集合地点，“大学环境教育”主讲教师李友平为大家讲解了此次国家生态环境科普基地环境教育与科普点参观的目的、意义、内容、路线，并强调认真听讲、虚心请教、积极思考、及时总结和注

意安全。首先，同学们来到环境科学与工程学院污染防治实验室，志愿者聂华、曲兵老师分别讲解了水污染防治技术、大气污染防治技术，呼吁大家积极行动起来、改善生态环境质量。随后，同学们在志愿者的带领下，来到国土资源学院地理标本馆，胡翠华老师指导学生详细讲解了地质标本，并让学生们在显微镜下观看地质标本。最后，志愿者李敏、肖莎在生命科学学院生物标本馆为同学们讲解了大熊猫、小熊猫等的生物标本。大家每到一处，都能听到讲解老师和志愿者热情洋溢的讲述，学习以前未曾接触或不甚了解的知识。从每一位参观者的脸上都能看出收获知识、理解环境教育与科普深刻意义的满足感和责任感。同时认识到践行生态环保，每个人都责无旁贷。

据悉，今年是“大学环境教育”开设的第十年，有超过 1 200 人修读该课程，在大学生中有力地普及生态环境保护知识。课程从一年开一次到一年开两次，一个老师到两个老师再到多个老师上课，从线下到线上，从教室到教室外，积极建设在线开放课程和课程思政示范课，教学改革永远在路上。“6+1”环境教育与科普活动是指定期在世界地球日（4 月 22 日）、全国科技活动周（5 月）、世界环境日（6 月 5 日）、大学生在行动环保科普活动周（7 月）、全国科普日（9 月）和世界环境教育日（10 月 14 日）开展环境教育与科普活动，长期开设生态环境课堂。

（摘自四川新闻网）

■ 小手拉大手，环保一起走

2019 年 12 月 22 日下午，由南充市城市管理行政执法局主办，《南充晚报》、南充市绿源环保有限公司承办，西华师范大学附属小学校、三原实验学校、南充市垃圾分类促进中心协办的“小手拉大手　垃圾分类进校园”主题活动在西华师范大学附属小学校多媒体教室举行。南充市城市管理行政执法局相关领导、南充市垃圾分类促进中心工作人员、《南充晚报》小记者训练营的小记者们和家长以及西华师范大学附属小学校、三原实验学校部分教师学生及学生家长 200 余人参加。

首先，南充市城市管理行政执法局宣传科副科长曹鹏向大家讲解了国家的相关垃圾分类政策和南充市相关垃圾分类设施的建设情况。接着，西华师范大学附属小学校德育处主任戚铨俸向大家分享了西华师范大学附属小学校近年来开展的环保和垃圾分类相关工作取得的成果和经验。其次，南充市垃圾分类促进中心负责人王元顺总结了近年来开展垃圾分类的情况，介绍了下一步的相关规划。最后，南充市垃圾分类促进中心工作人员肖桂玲从“为什么要垃圾分类”“生活垃圾如何分类”“我们是怎样做的”3 个方面给大家讲解了垃圾分类。

本次活动中，西华师范大学附属小学校的学生们还自编自导自演了垃圾分类小品，有趣、有意义，得到了参与者的一致好评。学生和家长们踊跃参加活动中开展的垃圾分类知识有奖问答和有奖游戏，热情高涨，既普及了垃圾分类的知识，又培养了大家垃圾分类的兴趣。最后，大家兴致满满地参观了西华师范大学附属小学校的垃圾分类集中服务站点，现场观看了学生们正确投放垃圾的过程。本次活动通过寓教于乐的形式，希望能培养孩子们垃圾分类的意识和习惯，推动形成“教育一个孩子、影响一个家庭、带动整个社会”的良性互动局面。做好垃圾分类的工作对于改善人民生活环境、实现城市可持续发展、创建节约型社会具有重要意义。

活动结束后，参与活动的三年级学生们都写了有关此次活动的作文，大家感悟深刻，并号召同学们积极行动起来，做好垃圾分类，争当环保小卫士。

（摘自西华师范大学附属小学校微信公众号）

环境科学与工程学院参与制作的“自然生命系列微课”在“学习强国”推出

为助力抗击新冠肺炎疫情，倡导人与自然和谐共生理念，2020 年 4 月 5 日，西华师范大学环境科学与工程学院、四川环境教育 1+N 联盟等单位联合制作的“自然生命系列微课”在“学习强国”四川学习平台连载推出。

四川环境教育 1+N 联盟系由西华师范大学牵头，与 N 所（家）中小学、生态环境单位携手，通过教育实践活动等助力生态环境保护和生态文明建设的环境教育公益组织。目前联盟共有 73 家成员，联盟具体工作由西华师范大学环境教育中心负责。

自 2020 年 2 月起，西华师范大学环境科学与工程学院、环境教育中心联合四川环境教育 1+N 联盟成员野趣生境环境设计研究院等 8 家环境教育机构，共同制作“自然生命系列微课”。3 月起，该系列微课在“学习强国”四川学习平台陆续推出。

该系列微课由生态环境部宣传教育中心牵头，按照生态环境部、中央文明办、教育部、共青团中央、全国妇联 5 部门联合发布的《公民生态环境行为规范（试行）》对“呵护自然生态”的要求，着眼于中小学生的科学素养造就和生态公民的培育，通过趣味科普知识学习，共同探讨人与野生动物、人与自然的关系。该系列共 17 个视频，总时长约 50 分钟，内容包括《这个特别的新年》《病毒打哪儿来》《抗击病毒全民大作战》《让我们自由呼吸》等。目前该系列微课已发布 13 期，阅读量达 26 000 余次，转发量为 2 100 余次。

（摘自西华师范大学官网）

取餐“需”为宗 饭后“光”为荣

“谁知盘中餐，粒粒皆辛苦”的诗句常在耳边回响；“一粥一饭，当思来之不易；半丝半缕，恒念物力维艰”的古训仍在心头萦绕；“粒米虽小君莫扔，勤俭节约留美名”等标语正在食堂警醒，勤俭节约是中华民族的传统美德。2020 年是全面建成小康社会和“十三五”规划的收官之年，也是脱贫攻坚决战决胜之年。值此重要的历史节点，为了大力弘扬中华民族勤俭节约的传统美德，呼吁同学们加入勤俭节约的队伍中，南充五中青龙山校区近期开展了“‘光盘行动’，拒绝‘舌尖上的浪费’”活动。

为了使这一行动落到实处，学校利用班会课、晨会课、主题教育等多种形式，加强对学生们“光盘行动”的宣传教育，帮助全体学生充分认识到“光盘行动”的重要性，号召全体师生都参与到“光盘行动”中，从自己做起，用实际的行动，带动和影响身边的朋友、家人，使其养成良好的生活习惯，珍惜粮食、厉行节约。

“学校教育，德育为先，培育青少年学生的良好品行十分重要。我校大力开展‘光盘行动’，让青少年学生真正践行中华民族的传统美德。”学校德育处主任康翔军如是说。为了促使学生真正做到“光盘行动”、不浪费，学校在各个班级设置了文明就餐监督岗，值周的领导和教师及时跟踪各班级的“光盘行动”展开情况。针对个别挑食严重的学生，值周领导和老师用自己的爱心和耐心引导学生拒绝浪费、文明用餐。

“你的味蕾，我们承包。”学校食堂师傅都在为“光盘行动”努力着。品尝舌尖上的美味，但拒绝“舌尖上的浪费”。庚子年新学期，在爱中重启，在“光盘”中感恩。在全体教职工和学生的积极配合下，学校“光盘行动”进展顺利。

（摘自南充五中微信公众号）

云南大学附属中学开展垃圾分类讲座

2019—2020 学年下学期是一个特殊的学期，因受新冠疫情影响，云南省的学校在 2020 年 4 月才陆续开学。开学以来，学校一直把疫情防控工作作为重心。为了防控疫情，云南大学附属中学在本学期不再开展综合实践课，但这并不代表其他的工作会被搁置，也不代表学校不再重视学生的全面发展，特殊情况总有特殊办法处理。

2020 年 5 月 25 日的班会课之后，学生们并没有像往常一样背上书包离开学校，而是在班主任的组织下，准备好笔记本，耐心地坐在教室。

铃声响起，学生们被教室里的大屏幕吸引，陈茜老师出现在屏幕上，温暖地和大家打招呼，但屏幕上随后出现的却是一幅幅触目惊心的画面，例如错把垃圾当食物喂给雏鸟的鸟妈妈、胃中充满塑料垃圾的信天翁尸体、小时候被塑料环缠住导致身体变形的鳄龟、被胃中长达 61 cm 塑料管折磨了很久的海豚、被绳子勒断脖子的海豹等，孩子们的心情由兴奋开始变得沉重，体会到垃圾分类的重要性。

这是一场充满意义的环保教育之旅。接下来，主讲老师带领着学生们，体会了解了各个国家的垃圾分类以及中国的垃圾分类现状。老师从视觉识别系统和分类标准角度给学生们详细介绍了昆明的垃圾分类情况，当然也不忘把常见的垃圾分类误区罗列出来，供同学们参考学习。

最后，大屏幕上出现“碰瓷抱腿”不让路人走的老人、“伸腿”绊倒路人的人以及套头“绑架”的人时，学生们不明所以。原来，“碰瓷”老人竟是黏脚的口香糖，让路人摔倒的竟是被乱扔的香蕉皮，套头人竟是乱飞的塑料袋。还想继续被垃圾“霸凌”吗？不想就需要同学们一起行动起来！

中小学时期是孩子身心发展的黄金时期，学生需要认识社会、走向社会，环保教育可以开阔学生的视野，提高学生的认知，也可以让学生在实践中树立起环保意识、公德意识和爱国意识。环保教育是学校教育的一项重要工作，虽然疫情造成了许多限制，但我们依旧要克服困难，将工作进行下去！

（摘自云南大学附属中学官微）

■ “大学环境教育”着力打造社会实践一流课程

2021 年 3 月 23 日晚，“大学环境教育”课堂从智慧教室调整到国家生态环境科普基地，教学方式由课堂教学转变为生态科普参观学习。参观学习开始前，主讲教师唐娅简要介绍了课程任务、参观内容、参观路线、课程要求，叮嘱大家用心学习、注意安全。环境教育协会志愿者带领同学们开启了这场生态科普之旅。

生态科普参观学习第一站位于西华师范大学环境科学与工程学院的水污染防治实验室、大气污染防治实验室和土壤污染防治实验室。通过志愿者的讲解与实际操作，同学们更加深刻地了解了污水处理及相关工艺，学习了大气污染防治、土壤污染防治的知识与技能。

参观学习的第二站为西华师范大学生命科学学院兽类标本室和鸟类标本室。志愿者向同学们介绍了各式各样的兽类标本，讲解了各种动物的习性，解答了同学们对某些鸟类（如绿孔雀、黑颈鹤等）的认知误区，并简要介绍了标本的制作方法及过程。

参观学习的第三站在西华师范大学物理与空间科学学院天文馆。在天文协会志愿者的协助下，同学们用望远镜观察到美丽的月球，开启了一场奇妙的宇宙探索之旅。

参观结束后，同学们都表示该堂课内容新颖、方式特别、场景多样，他们收获满满。

据悉，“大学环境教育”是全校特色公选课之一，已连续开设 11 年，自开设以来一直受到广大学生的喜爱。该门课程旨在通过课程与实践的结合，将环境教育理念深入校园。该课由李友平教授领衔，5 位专任教师协同授课，致力于打造一流的本科社会实践精品课程。该门课 70% 以上的课程安排是以社会实践为主，通过“学习—参观—实践—评价”等环节，激发同学们的环保意识，以活动形式宣讲习近平生态文明思想、科普生态环保知识，号召更多人参与环保、爱护环境、守护家园。

（摘自西华师范大学教务处官网）

西华师范大学环境教育课堂搬进污水处理厂

为让学生理论联系实际、课内与课外相结合，2021 年 4 月 11 日上午，西华师范大学环境教育中心副主任唐娅带领“大学环境教育”选修课的同学和环境教育协会志愿者，参观了南充市嘉东城市生活污水处理有限公司（以下称“嘉东污水处理厂”）。

嘉东污水处理厂的相关负责人向同学们介绍了污水处理厂的占地面积、污水处理工艺以及日处理污水能力。随后，大家参观了污水处理厂的工艺流程设备，观察经过各处理单元处理后污水的变化情况。在参观中，相关负责人向同学们详细地讲解了设施设备的运行情况，同学们边走边看、边听边记，并积极向老师请教。

“经过两个多小时的参观，我看到了由污水变为净水的变化，了解到污水处理的过程，知道了污水处理流程复杂、耗费大。”同学们纷纷表示，会在今后的生活中节约用水，还会发动更多人爱护水资源。

（摘自今日顺庆）

西华师范大学李友平教授来校作“生态环境科普与大学生创新创业”专题讲座

2021 年 5 月 28 日下午，西华师范大学研究生院副院长、环境教育中心主任李友平教授在学术报告厅为四川工商职业技术学院（以下简称“我校”）轻工工程系学生作了题为“生态环境科普与大学生创新创业”的专题讲座，近 150 名师生聆听了报告，会议由环境工程教研室主任张传君博士主持。

李友平教授从生态环境科普“为什么做”、“做什么”和“怎么做”3个方面，结合现实存在的生态环境问题，以扎实的专业知识、丰富的实践经验，就生态环境科普工作与同学们进行了全面分析和交流，鼓励大家积极参与公益环保活动，以实际行动建设绿色校园，保护地球环境。此外，李友平教授还就生态环境科普创新创业切入点等问题为同学们提出了建议和指导。

会后，李友平教授还就即将举办的四川省大学生环保科普创意大赛的比赛规程及理念与我校环境工程专业的教师们进行了深入的交流，并对我校学生参赛作品提出了修改意见和建议。同时，李友平教授期望以后与我校环境工程专业在生态环境科普和其他领域开展更广泛的交流与合作，为共同做好环境保护和生态文明建设做出更大的贡献。

（摘自四川工商职业技术学院官网）

爱水一课堂走进西华师范大学附属小学校

2021年9月29日下午，8位来自西华师范大学环境教育协会的志愿者来到西华师范大学附属小学校，开展“节约用水，从我做起”为主题的爱水一课堂。水是生命之源、万物的起点，生命离开了水，就会枯竭、凋谢、死亡，人类的生活离不开水。然而，我们在生活中却时常浪费这一大自然所赐予的生命瑰宝。让我们看看，志愿者们是如何利用课堂呼吁大家节约用水的。

在课堂上，志愿者卿小红选择以问题和图片的形式开头，先引出关于水的话题，再围绕水的话题进一步展开宣讲。课堂以问答的方式为主，志愿者提出许多关于水的问题，例如水有哪些基本性质、水在生活中的用途、水在地球上的占比、水资源匮乏的后果等，随后请同学们积极举手回答问题，让同学们充分融入课堂。

接下来，志愿者以视频的方式引出最终的主题——“如何从身边小事开始节约用水”。视频播放之后，让同学们前后一组开始自由讨论，结合视频，思考在日常生活中如何节约用水。在选小组代表回答问题时，同学们都积极参与课堂的问答，并且都能够回答得很出色。在课堂的尾声，志愿者向同学们展示了节约用水的标志，并解释其组成及寓意。为了让同学们更有参与感，志愿者让他们自己设计节约用水的标志。同学们都认真设计，举手展示自己的作品并分享创作理念。这不仅激发了学生的创新能力，也加深了他们对节约用水的印象。

快乐的课堂时光总是短暂的，伴着下课铃声和同学们欢快的掌声，此次生态环境课堂圆满结束。许多同学表示，这是一堂有意思的课，不仅让他们意识到水资源的重要性，更增强了大家节约水资源、保护水环境的意识，并表示在未来的生活中会努力做到节约用水、保护水资源。

（摘自西华师范大学环境教育中心官网）

接力河湖保护　共建生态家园

2021 年 10 月 9 日上午，青龙湖小学校开展了“接力河湖保护，共建生态家园”环保主题活动，新一届小河长、小湖长从上一届小河长、小湖长代表的手中接过“小河长、小湖长”胸牌和志愿旗帜，接续“爱河护湖”的光荣使命。上一届总湖长刘语妃与新一届小河长、小湖长向全校发出倡议，从我做起，从身边的小事做起；禁止将污水排放到河中、湖中；禁止将西瓜皮、塑料袋、死去的小动物尸体等扔进河中、湖中；定期到河中、湖中清理垃圾；节约用水……

当日下午，小河长、小湖长到青龙湖湿地公园巡湖检查，清理垃圾，文明劝导。小河长、小湖长对自己这份特殊的工作感到十分光荣和自豪，表示一定会尽职尽责，努力做一名合格的“小河长、小湖长”。孩子们很自豪，“当上河长、湖长就要负起责任！”

近年来，青龙湖小学校将生态文明教育融入育人的全过程中，引导师生关注环境问题，树立热爱大自然、保护地球、保护家园的意识和对环境负责任的精神。坚持“五育并举”，让学生学会如何从自己开始，从身边的小事做起，积极参与保护环境的行动，促进学生们的身心健康发展，着力培育“德智体美劳”全面发展的社会主义建设者和接班人。

（摘自龙泉驿区青龙湖小学校官网）

■ “大学环境教育”公共选修课学生冒雨参观国家生态环境科普基地

2021 年 10 月 16 日上午，“大学环境教育”公共选修课的同学们迎来了一次别开生面的实践课。此次实践课的地点从智慧教室到国家生态环境科普基地，教学方式由课堂教学变为参观学习。尽管天下着雨，同学们仍然按时来到集合地点。实践课开始前，课程负责人李友平教授对课程目的、内容、路线、要求作了简要介绍，强调雨天路滑、注意安全。西华师范大学环境教育协会志愿者带领同学们开启了这场生态环境科普之旅，到底有多精彩呢？让我们一起来看看吧。

参观的第一站是地理标本馆，来自西华师范大学地理科学学院的大二学生刘美钠和毛建琼为参观人员作了详细的解说。各种化石和岩石的“前世今生”都随着她们的讲解逐渐清晰。参观的同学们更是用拍照的方式，留住了这份特殊的回忆。水是生命之源，大家每天都离不开水，那随之产生的污水都去哪里了呢？这是参观的第二站，位于西华师范大学环境科学与工程学院的环境污染防治实验室。志愿者李飞娅为大家解答了这个疑惑。原来，针对生活污水有一套处理方法，在魔法般的物理处理、化学处理、生物处理后，生活污水就能够达标排入河流了。接下来是第三站，同学们来到生命科学学院的生物标本馆。鸵鸟遇到危险怎么逃生呢？孔雀雄鸟和孔雀雌鸟的差别为什么这么大？秃鹫的头为什么是秃的？同学们有着诸多疑惑。还好，在志愿者赵思琪和谢一柳的科普讲解中，这些疑惑都被逐一解答。同学们纷纷表示要加强生物多样性保护。在蒙蒙的细雨中，大家来到学校与南充市生态环境局共建的大气综合监测站。李友平教授详细介绍了监测站的作用，普及了空气质量指数（AQI），并且希望大家平常多关注大气环境质量，就像关注天气变化一样。李友平教授还要求同学们学习、践行、传播生态环境保护理念，携手共创天蓝、地绿、水清。

最后，大家来到国家生态环境科普基地生态环境教育馆。志愿者曹冬梅、贺子怡为大家讲解了环境教育中心的发展历程，并且播放了宣传视频，部分同学还体验了生态环境科普 VR 设备。从《大学环境教育实践报告》中可以看出，同学们通过实践课受益匪浅，都非常期待下一次到污水处理厂参观学习。

（摘自西华师范大学环境教育中心官网）

这堂“大学环境教育”公共选修课在工厂上

2021 年 10 月 23 日上午，为了让学生理论联系实际、课内与课外相结合“大学环境教育”主讲王碧霞副教授带领选修课同学及西华师范大学环境教育协会志愿者参观了国家生态环境科普基地校外科普点——南充市嘉东城市生活污水处理有限公司（以下称“嘉东污水处理厂”）。去往目的地的路上，王碧霞老师简要介绍了此次参观学习的目的、意义、内容和任务，并叮嘱同学们要认真参观、踊跃提问，并且要注意安全、遵守纪律。

在王碧霞老师的带领下，同学们到达了嘉东污水处理厂。嘉东污水处理厂的工程师在会议室向同学们简单介绍了污水处理厂的占地面积、污水处理工艺以及日处理污水能力。在工程师的讲述中，同学们了解到污水处理工艺，嘉东污水处理厂三期正在建设中，经过处理的水质能够达到《城市污水处理厂污染物排放标准》（GB 18918—2002）一级 A 标准。通过工程师的讲解，同学们对污水处理有了初步的认识。

接着，同学们分为两组，由工程师带领逐一参观了粗格栅、细格栅、旋流沉砂池、厌氧池、缺氧池、好氧池、二次沉淀池、生化池、曝气池、高效澄清池、精密过滤池、污泥浓缩池、接触消毒池以及最后的出水。在参观时，同学们在两位老师的详细讲解下，清楚了污水处理中各设备的运行情况。同学们在聆听的过程中也在不断思考，并积极地向老师请教问题。工程师面对同学们的疑问也耐心地逐一解答。两个多小时的参观之旅结束后，同学们了解了污水处理的过程，也看到了污水转变为净水的变化过程。回程中，大家与王碧霞老师谈到自己的感受，表示污水处理工艺流程复杂、耗费较大；他们在生活中不仅会以身作则节约用水，而且会发动更多人节约用水、爱护水资源。通过此次参观学习，大家都获益良多，纷纷表示不虚此行，期待下一次对湿地公园的参观学习。

（摘自西华师范大学环境教育中心官网）

■　湿地公园在上“大学环境教育”公共选修课

2021 年 10 月 30 日上午，为了让同学们理论联系实践，杨艳老师带领“大学环境教育”公共选修课的同学及西华师范大学环境教育协会志愿者开展第三次参观学习——走进湿地公园。人员到齐后，杨艳老师讲了本次参观活动的目的、内容以及大致安排，叮嘱同学们要认真观察、细心记录，并注意安全、遵守纪律。

在杨艳老师的带领下，同学们和志愿者们来到嘉陵江上中坝。杨艳老师首先向同学们介绍了湿地的概念以及湿地功能，并向同学们介绍了什么是湿地公园。同学们了解到湿地公园具有湿地保护与利用、科普教育、湿地研究、生态观光、休闲娱乐等多种功能，是国家湿地保护体系的重要组成部分，对于改善区域生态环境具有重要意义。在自由活动中，同学们亲身体会了湿地公园的重要作用和意义。

接着，大家一起来到嘉陵江下中坝参观。杨艳老师接着介绍了近几年四川省南充市在生态环境保护方面的发展以及湿地公园建设。两个半小时的参观之旅结束后，同学们了解了很多与湿地公园相关的知识，看到了湿地公园的美景。许多同学发出赞叹，原来湿地有那么多功能，不愧是“地球之肾”，我们应该重视湿地保护。相信经过此次湿地公园参观，大家都受益颇多。课程负责人李友平教授介绍，“大学环境教育”公共选修课通过 2 次课堂学习、3 次参观学习的“输入”，接下来针对不同的对象、围绕一定的主题、结合各自的专业、发挥团队的力量上一堂环境教育课，实现“输出”。让学生不仅学习习近平生态文明思想，还要践行、传播习近平生态文明思想，促进人与自然和谐共生。

（摘自西华师范大学环境教育中心官网）

嘉陵江畔共赏景，生态公园齐弯腰

2021 年 10 月 31 日，为强化文明意识，创造绿色和谐环境，共建生态文明，西华师范大学环境教育协会走进南门坝生态公园，开展以“嘉陵江畔共赏景，生态公园齐弯腰”为主题的爱水环保志愿活动。活动分为上午、下午两场，参加活动人数达 50 多人。这是一次怎样的环保之旅呢？敬请期待。

活动一开始，志愿者们自由分成 5 个小组。为了贴近自然、融入自然，志愿者贺子怡（也是今天的导游）让大家各自取一个自然名，并在小组内用自然名相互认识。随后，大家跟随志愿者贺子怡边走边听讲解。在她的讲解中，大家了解到南门坝生态公园是如何建成的。志愿者们在行走的过程中拾起公园里散落的垃圾，并进行垃圾分类。于是，志愿者贺子怡组织了一场捡垃圾比赛，在规定的时间内，看哪一组的同学拾得的垃圾最多，并有奖品赠送。大家纷纷散开、在公园各处寻找垃圾，发现不少烟头、纸屑等。很快时间就到了，每组都有一定的收获，由此可见，垃圾乱丢的现象仍然存在。随后，志愿者们将大家拾得的垃圾进行分类，加深了大家对垃圾分类的认识。在此期间，有两位小朋友也加入了进来，自发地在公园里寻找垃圾，并表示要爱护生态环境。

接着，大家来到“抗战到底”群雕处，这是南充人民抗战精神的真实写照，彰显了顺庆乃至中华儿女血战到底的决心。志愿者李飞娅给大家讲解了这一群雕的来源及意义，之后进行了公园认植物活动，各小组分别对公园里的植物进行绘图、资料收集、讲解。经过几场以小组比赛形式进行的活动，志愿者们收获了环境教育协会准备的精美小礼品，也让大家认识到不少植物。接着，志愿者贺子怡在亲水小径上为大家讲解了公园的水循环体系，整个公园以水脉为其特色建设，整个园区从北至南循环，然后水从嘉陵江来又回到嘉陵江去，既环保又节约成本。

短暂的休息后，志愿者们还展开了闭眼聆听大自然声音的活动，志愿者们听到了欢快的鸟叫、风吹落叶的声音、小孩子嬉戏的声音、游人散步的脚步声、水流声，还有远处传来的汽车鸣笛声。这不仅让大家对大自然有了更深的感知，也让大家感受到身处城市生活中生态公园带给我们的美好。志愿者们表示，此次环保志愿活动收获很多，让大家从垃圾分类、植物辨别、水资源保护等几个方面认识到保护生态环境、保护自然的重要性，并表示以后会身体力行。

活动圆满结束，既让“弯腰行动”走进了生态公园，维持了公园的洁净，又让志愿者们对大自然有了更深刻的认识，从而主动地去呵护我们的大自然、爱护我们赖以生存的家园。希望更多的人能将生态环境保护践行到底，创造绿色和谐的生活环境。

（摘自西华师范大学环境教育中心官网）

全校公共选修课“大学环境教育”结课

2021 年 12 月 4 日上午，全校公共选修课“大学环境教育”在西华师范大学朝阳楼 306 智慧教室开展了第五组教学实践及课程总结。

为了教学实践顺利进行，第五组 10 位同学学习了老师的授课内容，到国家生态环境科普基地、污水处理厂、湿地公园等地进行参观，消化吸收了其他 4 组实践教学的优缺点，在杨艳老师的指导下，经过多次讨论、反复试讲，为大家呈现了一堂以“低碳生活”为题的教学实践课。主讲人围绕低碳生活“是什么”“为什么”“怎么做”三个部分，结合视频和 PPT 展开讲解。第五组的同学们别出心裁，设计了有奖问答环节，让大家巩固所学知识。李友平老师、权秋梅老师及其他 4 组的同学对本堂课进行了点评，指出其优缺点。参加本次实践课的每位同学为该组实践教学打分，最后平均后得分为 87 分。在此之前，其余 4 组围绕“垃圾分类”“变废为宝”“生态文明”“微塑料”等主题，针对幼儿园小朋友、小学生、初中生、高中生等不同对象，在李友平老师、唐娅老师、王碧霞老师、权秋梅老师的指导下，分别进行了教学实践。

最后，李友平老师对本学期的“大学环境教育”公共选修课作了总结并对同学们提出殷切期望。李友平老师指出，“大学环境教育”公共选修课的课程设计不够充分、5 位教师沟通协作不足、教学实践主题不统一、知识内容不丰富等问题仍然存在，并且承诺在今后改进。“大学环境教育”公共选修课由 5 位老师合作指导，在西华师范大学智慧教室授课，同学们在校园里、在工厂里、在公园里学习，从分组自主选题、写教案、做 PPT 到讲课，课程成绩由学生相互评价（50%）、教师评价（50%）组成。相信同学们学有所获，收获的不只是分数和学分，还有看不见的能力，例如生态环境素养的提升，师生一起讨论、一起参观、一起学习的友谊，以及团队协作精神等。

（摘自西华师范大学环境教育中心官网）

四川省南部中学一行到访环境教育中心

2021 年 12 月 4 日，四川省南部中学教师张苡轩带领师生一行 11 人到西华师范大学环境教育中心交流学习。首先，王碧霞老师带领此次交流学习的一行人来到西华师范大学环境科学与工程学院微生物实验室，陈金华老师向大家讲解显微镜的使用，并演示了在显微镜下观察酵母菌的细胞形态。其次，张苡轩老师一行人来到西华师范大学生命科学学院，参观了细胞实验室以及组织培养实验室。

最后，大家来到西华师范大学环境教育中心，环境教育协会理事长李飞娅为他们简单介绍了学校获得的环境教育与科普荣誉、环境教育中心的发展历程、四川省大学生环保科普创意大赛历年作品等。西华师范大学研究生院副院长、环境教育中心主任李友平教授作了交流分享，他主要从国家生态环境科普基地概况、科普能力与水平、支撑与服务、开放交流与运行管理等四个方面进行介绍。重点介绍了四川环境教育 1+N 联盟及“三个一”交流平台、“6+1”环境教育与科普活动，充分展示了环境教育中心通过环境教育与科普来提高大中小学生的生态环境保护意识，并使其养成自觉的生态环境保护习惯，主动、用心、持续开展环境教育与科普的总体定位。

南部中学张苡轩老师、赵进老师谈到，此次交流学习收获颇丰，希望能够加入四川环境教育 1+N 联盟，在“双减”背景下与西华师范大学在环境教育与科普方面开展更多的交流与合作，欢迎西华师范大学环境教育中心师生到四川省南部中学做指导，携手促进学生“德智体美劳”的全面发展。

（摘自西华师范大学环境教育中心官网）

“绿述”生态环境教学大赛助力环境教育与科普

西华师范大学环境教育协会自 2014 年成立以来，一直致力于环境教育与科普，本着“让生态环保理念深入人心，提高大中小学生的生态环境素养”宗旨，在进行生态环境科普的同时，为参赛选手提供展示自己、提升自己的机会和平台。2021 年 12 月 4 日下午，第四届“绿述”生态环境教学大赛顺利举行。

本次比赛共有 7 名选手参与，比赛分两个环节——选手教学展示和环境“热词”讲解。在主持人言简意赅的开场之后，介绍了莅临本次比赛现场的评委，选手们也进行了极具个人特色的自我介绍。主持人随即宣布了比赛规则，评分要求主要包括选手的课件内容、语言表达、综合印象及时间控制等 4 个方面，要求课件做到符合主题、简洁明了、图文并茂。

教学展示环节中，选手们主要围绕“爱水、惜水、护水”的主题进行讲述。从选择以嘉陵江为实例、海水暖化导致的珊瑚白化以及选手用各种别出心裁的例子和图片论证自己的说法中，可以看出选手们对主题的深入挖掘和深刻认识。从选手们的精彩讲解中，大家充分意识到水资源问题的严峻性，保护水资源迫在眉睫。在此环节中，选手们和观众的各种互动将气氛推动至高潮。

接下来是环境“热词”讲解。选手们依次上台选中自己要讲解的环境“热词”，在短短 30 秒的准备时间后，有条不紊地将词语的含义、来源甚至是在生活中的应用讲述出来。“碳达峰”“三个治污”“绿色 GDP”“低碳消费”等一个个或熟悉或陌生的词语都在选手的讲述中变得真实而具体。在场观众更是从中感受到选手们的应变能力和极强的话语组织能力，以及对生态环保知识的掌握程度，不禁响起热烈的掌声。

两轮比赛过后，活动进入尾声。评委对选手们进行了逐一的点评，既指出了不足之处，又表扬了其出色的地方。在这场比赛中，选手们获益良多，观众也了解了不少生态环境保护知识，学到了不少环境教育与科普技能。

（摘自西华师范大学环境教育中心官网）

西华师范大学环境教育协会受邀参加自然亲水教育项目总结分享会

2021 年 12 月 4 日，西华师范大学环境教育协会（以下简称“环境教育协会”）受巴渝公益邀请，赴重庆参加 2021 年自然亲水教育项目总结分享会。来自全国各地的优秀环保组织、学生环保社团等的环境教育工作者及自然亲水教育项目优秀教案的部分获奖代表出席会议，环境教育协会贺子怡、张颖、朱恩国应邀参加本次会议。

为大力推进长江生态环境保护，2021 年，巴渝公益在中华环境保护基金会东陶（TOTO）水环境专项基金的支持下，开展自然亲水教育项目并于 2021 年 11 月顺利完成。总结会上，环境教育协会贺子怡同来自浙江省、湖南省、重庆市等地的优秀环境教育工作者就如何开展生态环境保护教育以及“爱水一课堂”实行情况等进行案例分享。从“小河长”的构想到逐步完善、实施，从寻找身边“消失的海棠溪”到对生态环境保护的深度思考，从“湘江守望者”到“绿行周末”，环境教育协会代表们仔细聆听优秀环境教育工作者的案例分享，感悟优秀环境教育组织、课程的发展历程，并进行了友好交流。

“爱水一课堂”项目已经告一段落，但生态环境保护和环境教育仍然是不可忽视的时代命题。此次分享会旨在积极响应“美丽中国，我是行动者”的号召、总结项目进行过程中的得失、为进一步推动青少年环境教育工作奠定基础。

（摘自西华师范大学环境教育中心官网）

研究生在幼儿园讲“变废为宝”的生态环境课

2021 年 12 月 13 日下午，西华师范大学环境教育协会指导教师李友平教授以及 4 名志愿者前往西华师范大学幼儿园，开展以“变废为宝”为主题的生态环境课堂。此次活动的主讲人是环境科学专业研究生郑斌。

课前，志愿者们认真做好生态课堂准备，准备好手工物资以及手工展示品。课中，主讲人郑斌通过图片讲解、领唱儿歌和问答的形式，带领小朋友们学习“变废为宝”知识，和孩子们一起利用废纸、苹果网套、废弃吸管制作向日葵和格桑花手工艺品。权秋梅教授向小朋友展示和讲解了“变废为宝”的精美手工艺品。课后，小朋友分享和展示了自己独立完成的作品。

本次生态环境课堂以志愿者们分发带有网套的苹果给小朋友们结束，让小朋友与父母一起分享“变废为宝”概念并制作太阳花，传递生态环保知识，使其从小养成生态环保习惯。至此，作为“6+1”环境教育与科普活动之一的生态环境课堂，在 2021 年共进行了 12 期，走进 5 所中小学、幼儿园，直接受益学生共计 600 余人。

（摘自西华师范大学环境教育中心官网）

4.3 其他环境教育与科普活动

■ 一个捡拾树叶的女孩：有你的“绿途”更精彩！

南充市，西华师范大学。在校园里，一个女孩正在捡拾树叶……捡拾树叶的是西华师范大学环境教育协会的志愿者。又到一年纳新时，在西华师范大学迎来一批新鲜血液的同时，西华师范大学环境教育协会成功举办了“2017 年环保路上，携手同行”新会员见面大会暨干事招聘大会。为招募更多的“绿途行者”，志愿者们捡拾的树叶去了招聘会。

环保路上　境由心生

树叶在哪儿？捡拾树叶的是西华师范大学环境教育协会的志愿者。10 月 29 日，不走平常路的志愿者们采用全新创意环保主题的会场布置，提前收集到的掉落树叶似飞舞的蝴蝶般被定格在墙上。课桌上放着绿色盆栽、橙子、树叶是给志愿者们特别准备的礼物，非常的仪式感开启的是一个机缘——触碰绿色未来。境由心生，有位志愿者赞道："作为环境教育协会的一员，在做任何事情之前都要优先考虑环保的要求，所以在本次装扮会场时，我们使用了落叶，在嘉宾的桌前也放上了生机勃勃的绿色植物。"

据悉，为成功举办本次大会，环境教育协会的志愿者们提前一个月开始着手策划。从写计划书、确定流程、购买物品、布置教室到人员的详细安排，志愿者们都反复调整与改善。

南充市，西华师范大学，捡拾起的树叶似飞舞的蝴蝶般定格在墙上……非常的仪式感开启的是一个机缘——触碰绿色未来。

环保路上　来者可追

树叶或开启一个绿色机缘。当日下午，大会正式开始。环境科学与工程学院副院长、环境教育中心主任、环境教育协会指导教师李友平，环境教育中心副主任、环境教育协会指导教师唐娅，环境科学与工程学院张纳老师、王东老师、王俊老师，大学生社团联合会负责人，大学生环保志愿者协会、魔术协会等十余个兄弟社团负责人纷纷莅临现场支持活动。此外，资深环保媒体人、四川新闻网环保频道主编卢永洪也发来视频致贺，自称“绿途行者”的他用一句“希望更多的人能触碰绿色未来”鼓励大家在“绿途”上一路同行。

西华师范大学，树叶或开启一个绿色机缘：春天里，来者可追。李友平、唐娅、卢永洪和满教室的树叶一起为绿色未来站台。

李友平老师在致辞中讲到：“协会可以为你们提供平台和资源，但是你们需要明确定位、在协会中找准自己的位置，才能全面发展并为环保事业尽自己的一份努力。”环境教育协会理事长张萍说：“加入协会，希望你们寻找个人感，拥有集体感，得到归属感；成为协会的一员，希望你们都能爱协会。”唐娅感叹不已：“在这个季节，我在现场感受到了春天的气息。”

树叶见证了同学们的热情。在了解环境教育协会之后，同学们更想知道协会各个部门的工作，每个部门负责人也为此次的见面会制作了精美的 PPT。在介绍部门工作的同时，也开展了游戏环节——“环保知识知多少”将活动氛围引入了高潮，会员们更是踊跃参加，志愿者们也为参与游戏的会员准备了礼品——环保手帕。

西华师范大学，春天里，开启一个绿色机缘，来者可追，树叶见证同学们的热情。环境教育协会理事长张萍和志愿者们一起为同学们分享绿色未来。

归去来兮　自然而然

树叶归去，自然而然。活动结束后，志愿者们将会场中的垃圾分类处理，让装扮用的树叶回归自然、自然降解。据悉，本次环境教育协会招收新会员 50 余人、新干事 21 人。那位捡拾树叶的志愿者女孩笑了，脸上透出了心声，有你的“绿途”不孤独，一路同行更精彩！

（摘自四川新闻网）

西安路小学校环保教育再“升级”师生呼吁“垃圾细分类”

在四川省成都市西安路小学校刘莉校长办公室的一个角落里，有着一个不起眼的蓝色筐，不了解的人走进去，如果不问，想必一定以为那就是一个普通的杂物筐。

两年前，学校开始开展“垃圾分类”项目，每个班级和教师办公室都有着这样一个小筐。就是这个“不起眼”的小筐，默默改变着西安路小学校师生们的生活方式。师生们主动将可循环利用的垃圾放进这个小筐，每周五由学校一位贫困学生的家长来收走，不仅减少了垃圾的产生，同时让环保教育焕发出人文关怀的光辉。如今，“垃圾分类”在学校早已形成常态。

科技力量加持　将升级“垃圾细分类”

据了解，从下学期开始，这个小筐即将“升级”。西安路小学校与环保公司合作，垃圾分类将升级为垃圾细分类，学校以班级为单位，为每班购置了一个环保袋，学生将可回收垃圾按塑料瓶、纸张、易拉罐等细分类后装入相应环保袋中，由环保公司定期来回收，然后通过扫描每个环保袋上的二维码，告知每个班级他们的回收物品重量、价格以及去向。同时将回收物品的款项转入每个班级的账户中，由各班商量这笔款项的用途。

科技力量的加持为西安路小学校环保教育注入了新的力量。2018 年 1 月 26 日，在学校举行的“垃圾分类，我们先行”暨“西华师范大学环境教育与科普基地”授牌仪式上，刘莉校长宣布“西安路小学校创建国际生态学校”正式启动，“西小绿”的种子将在一代又一代的孩子心中播撒！

环保教育惹关注　“西小绿”传播全国

据了解，作为“国家级绿色学校”和“四川省环境友好型学校”，西安路小学校坚持开展环境教育 30 多年，在成都市、四川省乃至全国都有着一定的影响力。刚进入 2018 年，西安路小学校的校园里就传来了喜讯，在去年被评为“全国未成年人生态道德教育示范校”“成都市绿色低碳示范单位”的基础上，1 月 20 日，刘莉校长在北京召开的全国环境教育年会上作经验交流，将“西小绿”传播到全国。

散学典礼上，西安路小学校携手西华师范大学，加入四川环境教育 1+N 联盟，被正式授牌“西华师范大学环境教育基地”。西华师范大学环境教育与工程学院副院长李友平表示，在环保教育的路上，西安路小学校所做出的努力与贡献值得关注与学习，西安路小学校孩子们的环保意识值得所有人点赞。

（摘自四川教育新闻网环保频道）

■ 在同一地儿！四川环境教育的两大盛会

2018 年 12 月 19 日，第七届四川“美境行动”颁奖典礼在成都市龙泉驿区青龙湖小学校（以下简称“青龙湖小学校”）举行，来自 21 个市，获得表彰单位的负责人、获奖项目教师与学生代表参加了典礼；当日下午，成都市龙泉驿区‘生态文明教育联盟’第一届年会（以下简称“生态文明教育联盟年会”）隆重举行。

本次生态文明教育联盟年会嘉宾阵容强大，他们分别是生态环境部特聘资深环境教育专家徐大鹏，四川省特级教师、地球奖获得者达鹏福，四川省环境科学学会执行副秘书长胡颖铭，成都环保志愿服务联合会主席李炜，西华师范大学环境科学与工程学院副院长、环境教育中心（国家生态环境科普基地）主任李友平，2018 年“成都最美环保人”、三分钟视频大“讲”环保

发起人、四川新闻网环保频道主编卢永洪，成都根与芽环教项目负责人梁园，龙泉驿区教育局党组成员、副局长张英武，龙泉驿区环境保护局机关党委书记陈伶，以及联盟单位和媒体代表。

在生态文明教育联盟年会上，作为首届生态文明教育联盟（以下简称“联盟”）轮值主席的廖小强主持会议。代表联盟的张英武和陈伶正式聘请与会相关专家成为“龙泉驿区中小学生态文明教育联盟指导专家”，并分别颁发聘书。随后，分别就本校环境教育情况开展交流的联盟单位代表还分别接受了受聘专家的点评；同时，根据联盟规则，选出了新一届的联盟轮值主席白兰逞。最后，在高度肯定联盟上一届工作的同时，联盟代表张英武和陈伶分别对未来的工作提出更大的设想。

在生态文明教育联盟年会后，李友平透露到，上述联盟成员都是来自成都市龙泉驿区的，一共有 6 所学校，他们也都是四川环境教育 1+N 联盟的成员。作为一个知名环境教育品牌，四川环境教育 1+N 联盟是指西华师范大学 1 所大学与 N 所（家）四川省环境友好型学校、四川省中小学环境教育社会实践基地合作开展环境教育。

说起缘由，作为 2018 年“成都最美环保人”的青龙湖小学校校长廖小强的回答很直接：“自建校以来，青龙湖小学校已获得环境教育领域的荣誉有成都市环境友好型学校、龙泉驿区环境友好型示范学校、成都市青少年农事教育实践基地、国际生态学校项目绿旗荣誉。”卢永洪表示，业内人士都知道有些荣誉是很难获得的。

（摘自四川新闻网）

环保大传播 | 法律法规宣传 5 年行

2019 年 1 月 1 日上午，由西华师范大学环境教育中心主办，西华师范大学环境教育协会承办，手工艺协会协办，哈罗出行赞助的，以“依法践行环保，共建绿色家园”为主题的 1 月 1 日环保法律法规宣传日活动来了。这个连续 5 年开展的活动如约而至，在西华师范大学华凤校区二期食堂门口再一次成功举行。

在活动现场，动感知识竞赛、有奖竞答和垃圾“回家”等纷至沓来的活动，让同学们在欢笑中再一次学习了《中华人民共和国土壤污染防治法》等有关环保法律法规的知识，比如环保法律法规的施行时间、主要内容及环保问题的案例等。在二期食堂门口，越来越多的同学被吸引，积极参与到有奖竞答中，场面异常活跃。来自政治与行政学院的一位同学表示：“活动很有意义。通过这次活动，对环保有了更深的理解，希望更多的朋友能了解环保法律法规并遵守，在今后的生活中践行环保。”据了解，此次活动参与者达200余人。

环保大传播正在高校流行。这次活动中，参与者热情很高，大家更希望在下一个环保法律法规宣传日能有更大的收获。西华师范大学环境科学与工程学院副院长、环境教育中心主任李友平介绍到，1月1日环保法律法规宣传日是个特别的日子，在环保大传播理念下，作为“10+2”环境教育与科普活动之一，这个连续举办5年的活动越来越受大家的欢迎。

（摘自四川新闻网）

大学小学企业携手　共同开展垃圾分类

2019 年 1 月 3 日上午，南充市“垃圾分类进校园”暨“绿行模式”启动仪式在西华师范大学附属小学校隆重举行。四川环境教育 1+N 发起单位西华师范大学、西华师范大学附属小学校、南充市垃圾分类促进中心携手，致力于垃圾分类的积极开展。启动仪式上，相关领导为西华师范大学附属小学校授牌“垃圾分类示范学校”，为学校“绿源行”行长、年级环保天使颁发聘书，并为其佩戴胸章。

在西华师范师大学附属小学校，大家参观了由小学生利用垃圾亲手制作的环保小饰品，创作的手抄报、科创小作品和垃圾分类集中站点。工作人员还手把手指导同学们正确分类投放垃圾，主办方在垃圾分类集中站点设置了可回收垃圾桶、厨余垃圾桶、其他垃圾桶和有害垃圾桶，并开始了投放游戏。主办方将早已准备好的日常生活中常有的可回收垃圾、厨余垃圾、其他垃圾、有害垃圾品种各 20 个，交由该校 1 年级至 6 年级 48 个班的各班代表，随后开展了投放游戏。通过投放游戏，提高了小学生对垃圾分类重要性的认识，增强了他们做好垃圾分类的主动性和识别能力。

据西华师范大学环境科学与工程学院副院长、环境教育中心主任李友平介绍，西华师范大学附属小学校非常重视生态文明教育，承办过南充市顺庆区中小学环境教育教师培训；成功创建成为全国“小河长、小湖长”青少年环境志愿行动项目首批试点学校；正在创建国际生态学校。此次携手西华师范大学、南充市垃圾分类促进中心开展垃圾分类相关活动，就是要提高学生们的生态环境保护意识并使其养成自觉的生态环境保护习惯。

（摘自四川新闻网）

从源头分类，让垃圾减量，友善对待我们的地球

寒梅雪中尽，春风柳上归。在柳枝吐翠、草长莺飞的时节，我们带着对寒假生活的记忆，带着对未来的无限憧憬，共同开启新学期的第一幕。

成都市西安路小学校刘莉校长以假期里热播的两部电影——《流浪地

球》《飞驰人生》为例，告诉学生们要爱护环境，热爱我们的地球家园。要像电影《飞驰人生》里的张弛一样，不要害怕失败，要有奋勇直前的精神和勇气。

刘莉校长为各班派发了红包，并祝大家新年快乐，新的一学期更上一层楼，愿新的一年，携手并进，砥砺前行。新学期，学校将启动垃圾减量项目。从源头分类，让垃圾减量，友善对待我们的地球。蔡校长、张主任、马老师为各班分发了环保回收袋。2019 年是全新的旅程，全校师生将继续用行动践行社会主义核心价值观，做有温度的环保行动。建绿色低碳示范校园，探寻现代教育的田园梦想，推动学校、家庭、社区的永续发展之路，畅享“生命、环境、发展”主旋律。

（摘自成都市西安路小学校微信公众号）

“生态文明建设　航小在行动”主题教育活动举行

2019 年 2 月 21 日，成都市龙泉驿区航天小学校举行了 2019 年春季开学典礼暨“生态文明建设　航小在行动”主题教育活动。六年级四班和五年级一班分别以情景剧和快板的形式，生动形象地告诉我们“雾霾、电池和使用一次性筷子”的危害，告诉大家在日常生活中要学会垃圾分类，养成良好的习惯，并倡议同学们从我做起，爱惜纸张和书本，垃圾回归垃圾桶。保护龙泉山长青，爱护驿马河常绿，使我们家乡更美丽。

学校领导戚怀顺、刘立作了热情洋溢的讲话，要求大家推进学校生态文明教育，携手共建美丽家园，从身边小事做起，从你我做起，从节约一张纸、一度电、一滴水、一粒粮开始，为建设美丽校园、美丽社区、美丽家园、美丽中国，创建“国际生态学校”贡献出我们的绵薄之力！

（摘自成都市龙泉驿区航天小学校微信公众号）

携手齐护青龙湖，共迎绿色大运会

踏着春的脚步，怀着新的希望，青龙湖小学校 2019 年“携手齐护青龙湖，共迎绿色大运会”开学典礼于 2 月 21 日在前操场隆重举行。伴着激越昂扬的国歌，鲜艳的五星红旗迎着朝阳缓缓升起，全体师生以肃立的姿态、灿烂的笑脸迎来了新学期的第一缕阳光，开学典礼也由此拉开了帷幕。庄严的升旗仪式后，学校艺术团的同学联合六一中队部分学生，为大家带来了一场精彩纷呈的表演，呼吁大家友善对待环境，为即将到来的大运会创造一个绿色健康的环境。

青龙湖小学校是全国首批“美丽中国，我是行动者——小河长、小湖长青少年环境志愿行动”项目试点学校，学校的小湖长环保志愿者团队时刻关注青龙湖环境，通过清垃圾、测水质、勤宣传等获得了广泛的认可。

如今，学校的小湖长队伍日益壮大，已从原来的 8 名增加到 30 名。借此次开学典礼的东风，学校为新加入的 22 名小湖长举行了隆重的授牌仪式。仪式上，总湖长伍美玲同学向全体师生宣读了本学期小湖长环保志愿者团队围绕青龙湖开展的系列活动计划。计划分为校内节水、垃圾分类、光盘等环保活动，校外环保宣传、水质检测、垃圾大清除等小手拉大手公益活动。希望大家践行“绿水青山就是金山银山”理念，共同保护青龙湖美景，迎接即将召开的大运会。

最后，邹艳校长向全校提出了三点建议：一是希望同学们维护学校声誉，并努力为之增光添彩，打造学校的生态教育特色品牌；二是希望广大同学发扬顽强拼搏、刻苦学习的精神；三是注重培养高尚的道德品质，不断完善自我。弘壮志，树新风，相信同学们在新学期中都能努力奋进，创造更辉煌的成绩。

（摘自成都市龙泉驿区青龙湖小学校微信公众号）

■　西华师范大学受邀参加 2019 成都国际环保博览会

2019 年 3 月 21—23 日，第 15 届成都国际环保博览会在成都世纪城新国际会展中心举行。西华师范大学作为四川省环境科学学会环境科技创新驱动工作站，应邀参加此次博览会，展示西华师范大学及四川环境教育 1+N 联盟的环境教育与科普成果。

西华师范大学环境科学与工程学院副院长、环境教育中心主任李友平，环境教育协会指导教师唐娅、朱晓华与 5 名学生通过发放宣传资料、播放视频、讲解、交流等方式，向参观者宣传学校、宣传环境教育与科普特色、普及生态环境保护知识。展览期间，四川省环境科学学会副会长陈维果、执行副秘书长胡颖铭先后看望参展师生，高度评价西华师范大学在环境教育与科普方面所做的大量工作，并希望同学们能够抓住这次交流学习的大好机会，好好提升自我、完善自我，为环境教育与科普事业做出更大贡献。资深环保媒体人、四川新闻网环保频道主编卢永洪也来到现场，评价道："你们是环境教育与科普第一展位！"

据悉，此次国际环保博览会由四川省环保产业协会和成都华意中联展览有限公司联合主办，设置了水处理、固体废物、大气、生态修复、环境监测、国际环保技术对接等展区，展出面积为 30 000 m^2，到场参观的观众达 20 000 多人，参会企业有 400 多家，其中既有国内环保产业优质企业，也有来自意大利的环保产业国际品牌和管理资源。

（摘自西华师范大学新闻网）

西华师范大学国家生态环境科普基地迎来成都客人

2019 年 4 月 16 日，西华师范大学国家生态环境科普基地迎来了成都市生态环境局、成都环保志愿服务联合会的客人，他们分别是成都市生态环境局宣传教育与改革研究处处长陈波、宣传教育中心教育科科长贾晓莉，成都环保志愿服务联合会副主席卢永洪、秘书长金玉娟。为进一步做好生态环境宣传教育工作，西华师范大学党委常委、宣传部部长周勇，西华师范大学环境教育领导小组成员、教务处副处长杨军，科研处副处长张谦述，生命科学学院副院长杨在君等参加了与成都客人的座谈。座谈会由西华师范大学环境科学与工程学院党委书记任丽平主持。

会议伊始，成都环保志愿服务联合会副主席、四川新闻网环保频道主编卢永洪为西华师范大学分会授旗。西华师范大学环境科学与工程学院院长黎云祥简要介绍了学院教学科研概况；环境科学与工程学院副院长、环境教育中心主任李友平以《携手共创天蓝地绿水清》为题，从环境教育中心简介、四川环境教育 1+N 联盟及交流平台三个方面，详细介绍了环境教育与科普工作、成效及问题，希望各位领导主动、用心、持续支持环境教育与科普工作。

最后，陈波高度评价西华师范大学环境教育与科普取得的成果，希望在实习实训、中小学环境教育教师培训等方面加强合作。与会人员各抒己见，围绕环境教育与科普、生态文明教育提出了宝贵的意见和建议。座谈会结束后，环境教育中心副主任唐娅带领客人参观了国家生态环境科普基地“5+2”环境教育与科普点之地理标本馆，胡翠华老师进行了详细生动的讲解。

（摘自四川新闻网）

西华师范大学受邀参加首届中国环博会成都展

2019 年 6 月 27—29 日，首届中国环博会成都展在成都·中国西部国际博览城开幕，西华师范大学作为四川省环境科学学会环境科技创新驱动工作站应邀参展。

参展期间，西华师范大学环境科学与工程学院、环境教育中心（四川省中小学环境教育社会实践基地、国家生态环境科普基地）师生代表向参观者介绍了四川环境教育与科普开展的基本情况和发展方向。其中，四川环境教育 1+N 联盟、“三个一”交流平台（四川省大学生环保科普创意大赛、中小学环境教育教师培训、环境教育与科普研讨会）、“5+2”环境教育与科普点、“6+1”环境教育与科普活动、“双微一群一网一手册六简报”传播渠道等受到了热烈关注。参观者纷纷表示，环境教育是我国生态文明发展的基石，西华师范大学环境教育与科普在四川省具有较大知名度，应该大力推广。

据西华师范大学环境科学与工程学院副院长、环境教育中心主任李友平介绍，本次参展是继 2019 年 3 月受四川省环境科学学会邀请参加第 15 届成都国际环保博览会之后，又一次参加环博会，既锻炼了学生，又宣传了学校，还凸显了环境教育与科普特色。

西华师范大学环境科学与工程学院教师朱晓华还与部分参展商、企事业单位、参观团体进行了深入交流，众多校友慕名前来参观交流，初步达成了后期推广环境教育与科普的合作事项，实现共建美丽中国。

据悉，此次中国环博会由德国慕尼黑博览集团、全国工商联环境商会、中贸慕尼黑展览（上海）有限公司主办，展览面积达 21 000 m^2，来自全球各地的 321 家参展企业齐聚一堂。

（摘自西华师范大学新闻网）

西华师范大学主办泸州市合江县生态环境管理能力提升培训班

2019 年 7 月 26 日，由西华师范大学、泸州市合江县人民政府主办的泸州市合江县生态环境管理能力提升专题培训班圆满落幕。

本次培训班是西华师范大学校地合作处、环境科学与工程学院、环境教育中心和泸州市合江生态环境局联合承办。四川省环境科学学会执行副会长陈维果，四川省生态环境保护督察办公室副主任杨俊国，四川省生态环境科学研究院大气所所长陈军辉、环境政策研究所副所长刘新民，环境科学与工程学院负责同志等校内外生态环境保护专家应邀出席。

开班仪式上，合江县环委会副主任、县政府副县长黄智勇感谢西华师范大学的辛勤付出，并对全体学员提出具体要求。泸州市生态环境局机关党委书记赵晓琼祝贺此次培训班开班，希望大家学有所获。西华师范大学环境科学与工程学院党委书记任丽平在讲话时感谢泸州市合江生态环境局的大力支持，她重点介绍了学校环境教育与科普工作的特色，表示学校有能力、有信心做好生态环境管理人员能力提升培训，以助力改善合江县生态环境质量，建设美丽合江。

此次培训班为期一周，学员包括泸州市合江生态环境局、监察大队、环境监测站职工和合江县政府部门、乡镇、企业生态环境管理人员，共计 80 余人。西华师范大学环境科学与工程学院副院长、环境教育中心主任李友平，环境教育中心副主任、环境教育协会指导教师唐娅担任班主任。

本次培训班内容包括生态环境保护专家专题讲座、培训学员分组讨论、实地参观垃圾焚烧发电厂等。学员们纷纷表示，此次培训内容丰富、形式新颖、专家阵容强大、理论联系实际、注重实效，自己受益匪浅，有力提升了自身的生态环境管理能力，感谢西华师范大学和泸州市合江县人民政府的精心组织，希望今后有更多这种学习机会。

（摘自西华师范大学新闻网）

西华师范大学李友平参加环境教育研究与实践高级培训班

2019 年 7 月 26 日至 8 月 8 日，由中国植物园联盟主办，中国科学院西双版纳热带植物园承办的环境教育研究与实践高级培训班（以下简称“培训班”）在西双版纳热带植物园成功举行。四川新闻网记者最新获悉，西华师范大学环境科学与工程学院副院长、环境教育中心主任李友平教授成为来自全国高校、植物园、研究所、政府机构、NGO、基金会、自然教育机构和公园等 26 个机构的 28 位学员中的一员，参加了此次环境教育研究与实践高级培训班。

本次培训班邀请到西双版纳热带植物园主任、培训班班主任陈进研究员，美国伍斯特学院 Susan Clayton 教授，台湾大学刘奇璋助理教授，西双版纳热带植物园 Richard Corlett 研究员、Kyle Tomlinson 研究员、赵金丽博士，深圳仙湖植物园张卫哲博士等作为授课教师，为学员们带来了精彩纷呈的培训课程。培训班课程包括环境教育研究基础理论、研究方法、数据统计分析、英文文献阅读讨论、优秀案例分享、研究课题实践等模块。8 月 8 日下午，28 名学员分为 11 个研究小组，分组向 5 位专家评委和众多听众汇报了研究课题。李友平代表小组汇报了题为“环保社团对大学生环境行为的影响”研究课题，专家组认为该课题选题新颖、方法科学、结论可靠、汇报清楚，该课题被评为一等奖。

结业仪式上，陈进老师作为授课教师代表最后发言，他感谢所有为培训班付出努力的老师、学员和工作人员，祝贺学员们完成了两周高强度的培训；他总结，这期学员是抗压能力最强，特别拼搏的一届学员。他期待学员们为了人类更加美好的环境和未来培养更多具有高环境素养、亲环境行为的公民；回到工作岗位上思考自己可以为改变自己和身边环境做哪些努力；在未来保持友谊、互相支持、互相鼓励、合作前行；把研究成果进行发表，或到国际或国内的专业平台上与同行交流，推动我国环境教育专业化发展。

李友平谈到，此次培训班有力地提升了自身环境教育研究能力，今后多做有理论指导的环境教育实践，多学习最新的环境教育理论，多采用数据统计分析方法，有效评估环境教育与科普活动，做大做强四川环境教育 1+N 联盟，携手共创天蓝、地绿、水清。

（摘自四川新闻网）

覆盖 9 省市 74 所中小学丨2019 年垃圾减量项目启动

2019 年 9 月 26 日下午，由生态环境部宣传教育中心主办，西华师范大学环境科学与工程学院、西华师范大学环境教育中心承办的 2019 年垃圾减量项目启动仪式在南充市第五中学青龙山校区举行。来自四川省的学校代表共计 30 多人参加了启动仪式。西华师范大学环境科学与工程学院副院长、环境教育中心主任李友平教授主持启动仪式。

会上，李友平教授简单阐述了 2019 年垃圾减量项目相关情况并介绍了到场嘉宾。南充市第五中学副校长陈洪代表学校致辞，他简要介绍了学校及其环境教育工作，希望和兄弟学校一起交流学习，做好垃圾减量及环境教育工作。随后，西华师范大学环境教育中心副主任唐娅、成都市龙泉驿区青龙湖小学校教师兰丹、西华师范大学附属小学校教师戚铨俸、自贡市蜀光绿盛实验学校教师沈鹏程就垃圾减量、国际生态学校创建以及国际环境小记者竞赛等开展专题分享。其中，来自青龙湖小学校的兰丹老师主要介绍了学生开展班级制垃圾分类管理，并在学校周边开展与生态环境保护主题相关的活动，向与会代表展示学校活动成果并给出宝贵经验以供分享。最后，参会代表就垃圾减量具体要求及做法进行了自由发言交流。

与会代表纷纷表示，垃圾减量恰逢其时，通过垃圾减量项目，可以参加国际生态学校创建、国际环境小记者竞赛，更好地全面开展环境教育，多层次、分批次彰显各学校特色教育的风采。大家热情高涨，南充市营山希望初级中学校校长李仁强、副校长方国强一行 4 人从重庆市赶到南充市第五中学青龙山校区参加启动仪式；虽错过报名时间，却仍赶来与会交流学习的还有南充市吉庆巷小学副校长杜彬、遂宁市蓬溪中学教科室主任晏辉。

据悉，共有来自四川、重庆、云南、贵州、上海、湖南、浙江、河北、山东等省市 74 所中小学报名参加 2019 年垃圾减量项目。南充市第五中学青龙山校区正按要求、步骤认真开展垃圾减量工作。

（摘自四川新闻网）

■　传播生态环境理念　提高学生综合能力

2019 年 10 月 16 日上午，由中国环境科学学会主办的 2019 年全国生态环境科普工作交流会（以下简称“交流会”）在广西南宁开幕，中国环境科学学会秘书长李春红主持开幕式。广西壮族自治区生态环境厅、科学技术部引进国外智力管理司、生态环境部科技与财务司领导致辞，对谋划新时期生态环境科普工作做出新的指导。西华师范大学环境科学与工程学院副院长、环境教育中心主任李友平，环境教育中心副主任、环境教育协会指导教师唐娅带领环境教育协会 2 名学生一行 4 人受邀参加此次交流会。来自全国各省（自治区、直辖市）生态环境厅（局）、部属单位、省（自治区、直辖市）环境科学学会、75 家国家生态环境科普基地、“大学生在行动”参与高校等的 300 余人参加此次交流会。

会上，相关领导为西华师范大学授“国家生态环境科普基地”牌、颁发“2019 年大学生在行动”优秀单位和个人荣誉证书。李友平作为高校代表，在生态环境科普平台建设与实践专题会场上作了题为“传播生态环境理念　提高学生综合能力”的报告，介绍了学校环境教育与科普先进做法及未来规划，聚焦大学生志愿者在基地开放中的作用，反响热烈。唐娅与来自中国环境科学学会、生态环境部宣传教育中心、四川省环境科学学会、四川新闻网环保频道等单位的专家代表就生态环境科普工作进行了深入交流。

10 月 17 日，李友平一行 4 人先后走进南宁市青秀山国家生态环境科普基地、广西核与辐射科普基地、广西生态环境教育馆、三峰环境、那考河湿地公园，开展生态环境科普基地现场教学，多方面学习生态环境教育与科普。通过此次全国生态环境科普工作交流会，师生 4 人受益匪浅，热情倍增。下一步，将秉承“科学明理，科普明智”的理念，建平台、做样板，更好地做好生态环境科普工作，提高学生的综合能力！

（摘自四川新闻网）

西华师范大学教师受邀参加第 10 届世界环境教育大会

2019 年 11 月 3—7 日，第 10 届世界环境教育大会（The 10th World Environmental Education Congress，WEEC）在泰国曼谷国际贸易展览中心举行，这是 WEEC 首次在亚洲举行，泰国公主玛哈·扎克里·诗琳通（Maha Chakri Sirindhorn）出席并致辞。西华师范大学环境科学与工程学院副院长、环境教育中心（国家生态环境科普基地、川东北环境教育与科普基地、四川省中小学环境教育社会实践基地）主任李友平教授，教师朱晓华一行应邀参会。

会前，WEEC 组委会接收了朱晓华、李友平等人的会议论文，朱晓华老师代表环境教育团队以“Construction and Practice of Sichuan Environmental Education 1+N Exchange Platform”为题进行了会议报告，向参会嘉宾宣传了西华师范大学，阐述了四川环境教育 1+N 的构建途径和实践路径，重点介绍了“三个一”（一会议、一培训、一竞赛）平台的搭建和实践效果，以及当前四川环境教育所面临的问题。该报告得到了澳大利亚、日本、墨西哥等国同行的密切关注和赞扬。

会议期间，李友平、朱晓华与北京师范大学、首都师范大学、福建师范大学、同济大学等国内高校同行参加了“中国环境政策与策略”专题讨论会，与英国、肯尼亚、澳大利亚等国的专家学者积极交流。此外，李友平一行人还与大会组委会主席 Surat Bualert 先生等进行交流，并向其介绍了西华师范大学中小学环境教育工作推进现状。

延伸阅读

世界环境教育大会是关于环境和可持续发展教育的国际会议，面向全球研究人员、教育工作者、学生、政府决策者、非政府组织、媒体以及其他对该领域感兴趣的人员。自 2003 年在葡萄牙召开以来，已在意大利、澳大利亚、瑞典、巴西、摩洛哥等国家举办，今年的 WEEC 2019 已是第 10 届，这是大会首次在亚洲举行。大会主题为“地方知识，交流和全球连通性”，其最终目标是将每个国家的当地知识提升为全球焦点，并促进全球的环境保护和可持续发展。

（摘自四川新闻网）

西华师范大学：校际文化交流岂止“三国”

2019 年 12 月 31 日早上，西华师范大学环境科学与工程学院副院长、环境教育中心主任李友平，环境教育中心副主任、环境教育协会指导教师唐娅，图书馆副馆长、四川省川北历史文化普及基地主任吴晓川，国学院副院长、四川省落下闳研究中心副主任杨小平，图书馆馆员胡晓和 15 名环境教育协会志愿者悉数到场。在南充市西山广场，他们迎来了 26 位来自同济大学环境科学专业的留学研究生。

活动伊始，李友平表示欢迎，还简要介绍了学校、学院和中心，就本次行程作了简短的阐述。他特别提到，在 2016 年成为“全球环境与可持续发展大学合作联盟成员”之后，西华师范大学连续 3 年派出 4 名环境专业学生参加“国际学生环境与可持续发展大会”。在活动现场，曾经在同济大学参会的张萍、曾超两位同学也来到了现场。

在开汉楼上，讲“三国”。随即，直奔西山风景区，一边念着大名鼎鼎的开汉楼，一路上来自两校的师生还就传统文化开启对话。成功抵达开汉楼之后，极目远眺的留学生们折服不已。“三国”传统文化、技艺扑面而来，通过游戏体验及各种“三国”物件，留学生们收获到大家的热情，更领略到强烈的中国传统文化气息。

在西华师范大学内，谈“生态”。这还是一场生态文化之旅。在西华师范大学华凤校区，留学生一行通过来自西华师范大学环境教育协会的志愿者，一边了解四川省南充市的环境教育与科普工作开展情况，一边分享志愿者们取得的成绩，大家更是你一言、我一语地共同探讨未来。

志愿者韩定美说，与同济大学的留学生交流，不仅宣传了学校、传播了生态文明思想，还锻炼大家的能力，尤其是英语的听说能力，希望以后有更多的国际交流机会。唐娅老师感慨道：“环境教育与科普永远在路上，来年将带动更多的老师和学生参与其中，加强环境教育与科普研究，加大国际交流与合作。”来自同济大学的带队教师沈佳琦、王玮琳则分别表示，希望来年持续增进交流、加大合作，为“2030 年可持续发展目标”贡献力量。在南充，校际交流岂止“三国”，还有生态文化。

（摘自四川新闻网）

■ 总结会议丨2019 年 FEE 垃圾减量项目视频总结会召开

2020 年 4 月 14 日下午，由西华师范大学环境科学与工程学院、西华师范大学环境教育中心承办的生态环境部宣传教育中心委托研究课题——2019 年国际环境教育基金会（FEE）垃圾减量项目总结会（以下简称“总结会”）在网络平台举行。来自我国西南地区及上海、山东、湖南等地的中小学代表 50 余人参加了此次云会议，西华师范大学环境教育中心副主任唐娅主持会议。

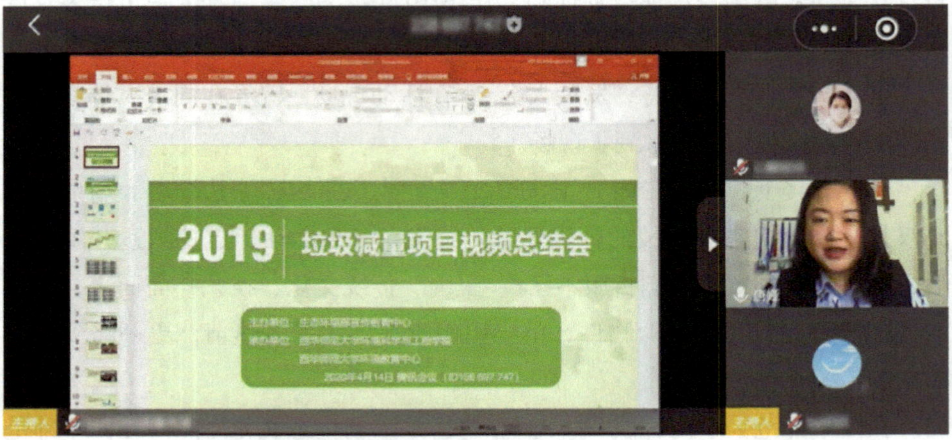

总结会上，项目课题委托方代表介绍了 2019 年 FEE 垃圾减量项目的背景及要求。垃圾减量项目是 FEE 于 2011 年在全球启动的环境教育项目，旨在提高青少年在垃圾减量及处理方面的知识与实践能力，通过大手拉小手来影响家庭、社区。2017 年至 2019 年，全球有 15 个国家、1 443 所学校、20 249 名教师以及 130 万名学生参与。西华师范大学环境科学与工程学院副院长、环境教育中心主任李友平教授总结了 2019 年垃圾减量项目。从 2019 年 7 月组织学校报名到 2020 年 3 月提交结题报告，在半年多的时间里，共计有 64 所学校、135 名教师指导 90 646 名学生参加项目，减少垃圾总量达 30 余 t。2019 年课题重点围绕我国西南地区中小学的垃圾减量展开，其中四川的学校占 72%，语文教师为主，小学生最多，45～60 岁的社区居民居多。希望中小学教师以垃圾减量项目为契机，主动、用心、持续开展国际生态学校创建，指导学生参加国际环境小记者竞赛。

随后，上海市普陀区桃浦中心小学张莉娜、湖南省长郡湘府中学李建鹏、山东省济南市市中区泉泽小学陈传亮、四川省兴文县古宋镇第二小学徐小淋 4 位优秀指导教师代表，分别以“把有用的垃圾送回家”“播散绿色希望　绽放和谐之美”“垃圾减量　从我做起”“做生态幸福人　促品质提高”为题分享了垃圾减量的做法。

最后，参会代表对 2019 年垃圾减量项目取得的成果进行自由讨论。虽然受到新冠肺炎疫情影响，阻碍了大家面对面的交流，但是通过视频会议，大家能够一起交流学习，相信大家都能借鉴到不同的方法经验，持续开展环境教育工作。

（摘自西华师范大学环境教育中心微信公众号）

生态环境部西南督察局领导在南充视察指导垃圾分类工作

2020 年 5 月 28 日上午，生态环境部西南督察局督察三处处长李光界、督察三处王涛，四川省生态环境综合行政执法总队调研员杨利民在天府明珠小区视察并指导南充市垃圾分类工作的开展。

南充市政府副市长朱华，市政府副秘书长李小庆，市生态环境局局长吕兴伦，市住房城乡建设局副局长于涛，市城管执法局副局长邓建平，市生态环境局副局长李伯乐，市城管执法局城镇环卫科科长青山，市生态环境局水生态环境科科长王强陪同参加。南充市垃圾分类促进中心主任王元顺向领导汇报了垃圾分类的开展情况以及未来的规划。

领导首先对垃圾分类工作的开展予以了充分肯定，随后指出一定要以习近平生态文明思想为指导，结合本地实际情况，多元化地宣传、开展垃圾分类工作，全面增强广大市民的环保意识和垃圾分类意识，共建美丽中国，推动绿色发展。感谢各位领导在天府明珠小区视察、指导工作。接下来，南充市垃圾分类促进中心将按照领导的指示进一步做好垃圾分类，提高居民的垃圾分类意识，完成从“要我分类”到“我要分类”的过渡，最终形成全市居民人人参与垃圾分类的良好氛围。

（摘自南充市垃圾分类促进中心微信公众号）

德阳市人大常委会副主任杨庆龙调研七一潺亭中学垃圾分类工作

2020 年 6 月 11 日，德阳市人大常委会副主任杨庆龙率队调研罗江县七一潺亭中学垃圾分类推进工作。

调研组一行详细了解了学校垃圾分类工作机制，实地察看了垃圾分类设施，并参观了环境教育长廊。调研组认为，罗江县七一潺亭中学垃圾分类工作推进扎实有效、措施得力、途径多元，将校园垃圾分类工作延伸到社区、家庭，提高了师生垃圾分类、保护环境的意识。希望学校继续深入开展垃圾分类工作，加大宣传力度，做好分类设施建设，推广垃圾分类成果，完善校园垃圾分类长效机制。

据悉，近年来，七一潺亭中学高度重视环境保护教育，构建了完善的环境教育与实践机制，在垃圾减量及分类工作中取得了可喜成绩，学校获得四川省第七届、第八届美境行动优秀实施方案展评一等奖、二等奖，加入四川环境教育 1+N 联盟，成为西华师范大学环境教育基地，有力助推校园垃圾分类工作再上台阶。

（摘自德阳市罗江教育微信公众号）

■ 龙泉驿区生态文明教育联盟 2019 年年会举行

“绿水青山就是金山银山”，“守护城市绿心，发展生态文明”，基于生态教育的使命，本着“共建共享、特色发展”的理念，龙泉驿区青龙湖小学校、洪安小学、航天小学校、茶店小学、客家小学校、跃进小学校 6 所学校，组成了龙泉驿区生态文明教育联盟，探索区域教育改革新路径。2020 年 6 月 11 日下午，龙泉驿区生态文明教育联盟 2019 年年会在龙泉驿区洪安小学举行。

国际生态学校项目是国际环境教育基金会在全球推广的 5 个环境教育项目之一，是当今世界上面向青少年最大的环境教育项目。洪安小学在 2018 年年底以“堆肥改良土壤－生态种植显特色”为主题，申报了国际生态学校项目，通过了考核，荣获“国际生态学校”荣誉称号。

自 2018 年年初生态文明教育联盟成立以来，6 所联盟学校都在环保方面荣获了很多奖项，但成长的路途还很长，需要更多的指路者为我们指明方向，活动中也邀请了西华师范大学唐娅老师成为生态文明教育联盟的新聘任专家。

龙泉驿区生态文明教育联盟成立两年以来，秉承对标、融合、互联、互动的策略，充分发挥引领辐射作用。根据龙泉驿区生态文明教育发展的需要，

有意愿加入联盟的区内外中小学、幼儿园，可对照联盟加入条件，向龙泉驿区教育局提出书面申请，经龙泉驿区生态文明教育联盟理事长会议审核通过后，可成为联盟正式成员。此次年会活动向新加入的联盟成员——龙泉驿区机关幼儿园芦溪河分园进行授牌。

龙泉驿区生态文明教育联盟努力打造学校、家庭、社会“三位一体”的协同育人格局，整合区内外生态教育资源，形成良好的育人氛围。当日，成都市兴蓉万兴环保发电有限公司、成都好秾人安全农业投资股份有限公司、四川科盛新环境科技有限公司、野趣生境环境设计研究院、成都市龙泉驿区芦溪河污水处理厂、龙泉驿区洛带镇洛水湿地公园、龙泉湖省级自然保护区加入了龙泉驿区生态文明教育联盟的实践基地。

2019 年，龙泉驿区生态文明教育联盟坚守“共建共享、特色发展”的思路，坚持一校一品，从课程开发、生态文化、生态实践、特色发展等关键环节，通过加强管理融通、教研联动、教师交流、学生互动，共享教育资源，推动联盟学校间共同发展、共同提高。此次活动中，6 所联盟学校就 2019 年工作成果进行了汇报。

生态文明教育联盟章程规定，联盟实施轮值主席、秘书长制度，一年一轮换，本次活动中现任主席白兰逞、秘书长李静和新任主席戚怀顺、秘书长杨远建上台举行交接仪式。

活动还对下一步的联盟工作做了安排。我们坚信，龙泉驿区生态文明教育联盟在党委、政府和各级部门的关心支持下，在专家们的全力指导下，在社会各界的积极参与下，在龙泉驿区生态文明教育联盟全体师生员工的共同努力下，一定会使生态文明的理念在学生们的心间生根发芽、开花结果。

（摘自成都市龙泉驿区洪安小学微信公众号）

南充市生态环境局学习贯彻省委十一届七次全会和市委六届十二次全会精神

2020 年 9 月 2 日下午，南充市生态环境局邀请市委宣讲团成员，西华师范大学环境科学与工程学院副院长、教授李友平宣讲省委十一届七次全会和市委六届十二次全会精神，南充市生态环境局 80 余名党员干部参加了集中学习。

李友平教授重点围绕省委“成渝地区双城经济圈建设”与市委“奋力打造成渝地区双城经济圈次极核”的战略部署、战略目标，并结合我市生态环境保护实际，对省委十一届七次全会和市委六届十二次全会精神进行了全方位、多角度、深层次的详细解读。

宣讲结束后，干部职工纷纷表示，李友平教授对全会精神的解读使他们进一步坚定了发展信心、认清了发展形势，在今后的工作中他们一定把思想和行动统一到全会精神上来，坚决打好污染防治攻坚战，为加快建设成渝第二城、争创全省经济副中心、打造成渝地区双城经济圈“次极核”做出生态环境人的贡献。

（摘自南充市生态环境局官网）

环境教育与科普亮相 2020 成都国际环保博览会

2020 年 9 月 24—26 日，由中国环境保护产业协会、意大利展览集团指导，四川省环境保护产业协会等主办的 2020 成都国际环保博览会（CDEPE

2020）在成都世纪城新国际会展中心举行。西华师范大学作为国家生态环境科普基地、川东北环境教育与科普基地、四川省中小学环境教育社会实践基地、四川省中小学生研学实践教育基地受邀参展，展示了西华师范大学环境教育与科普特色。

在展会期间，西华师范大学环境科学与工程学院、环境教育中心教师代表朱晓华、罗川热情地向参观者介绍了学校、学院、中心及环境教育与科普工作。其中，四川环境教育 1+N 联盟模式、“三个一”交流平台（四川省大学生环保科普创意大赛、中小学环境教育教师培训、环境教育与科普研讨会）、“5+2”生态环境科普点、“6+1”环境教育与科普活动、“双微一群一网一手册六简报”传播渠道等受到了热烈关注。其间，四川省环境科学学会、四川省成都生态环境监测中心站、四川科盛新环境科技有限公司、成都青松环保科技有限公司等生态环境单位领导，参展商代表、环境专业校友等 300 多人前来指导和交流，赞扬了西华师范大学环境教育与科普工作成效并表达了美好祝愿。与此同时，在展会期间发放环境教育中心宣传手册 300 多份。

据悉，作为 2020 年环保产业西部首展，国际环保博览会在成都已成功举办 16 届，2019 年引入意大利国际绿色能源与环保展（ECOMONDO）国际资源，被业界誉为中国西部地区环保标杆展。本次国际环保博览会展出面积近

22 000 m^2，参展企业 312 家，有 15 000 多人参会，同期举办了 15 场专题论坛及 5 场行业活动，共同展现行业力量，活跃西部环保市场，共谋西部绿色未来。

（摘自西华师范大学环境教育中心微信公众号）

环境教育 | 师生携手，共建生态绿色狮山校园

在四川师范大学附属实验学校崭新的绿荫操场上，狮山少年们迎来了一次庄严的集会。这一天，四川省环境科学学会党支部书记邓新华及罗靖老师莅临学校，为学校授予“四川省环境科学学会团体会员单位”荣誉称号。授牌仪式后，二位来宾一起见证了“狮山娃‘说’环保”活动的颁奖典礼。

四川省环境科学学会党支部书记邓新华在主席台为学校授牌，邓新华书记对学校的生态文明教育做出了高度评价，并告诉大家环保教育必须从小抓起，青少年是祖国的未来和希望，环保意识的形成不仅对现实生态环境有直接影响，更决定着未来生态环境的质量。另外，邓新华书记还对学校的生态文明教育提出了殷切期望。

邱华校长在接受授牌后，鼓励狮山少年继续践行学校的生态环境教育理念，争当环境小卫士，争做环保小达人，并且提出学校会持续加强对学生的环保教育，不断健全学校生态教育机制，为祖国、为社会、为家庭培养兼具责任感和使命感的狮山少年。

为了在暑期提升孩子们对生态文明教育的认知和理解，学校为大家布置了一份特殊的作业——“狮山娃‘说’环保”：作业是由孩子们自创、改编环保剧或是给经典环保视频配音。孩子们积极参与，环境教育中心共收集了作品百余件。通过层层选拔，最终 37 件作品脱颖而出。升旗仪式上，学校还为获奖的孩子们举办了隆重的颁奖典礼，邱华校长、高涛副校长为获奖学生颁奖。

生态环境教育是一项艰巨、复杂而持久的系统工程。学校会持续在这块沃土上深耕，努力健全学校生态文明教育机制，培养能为环保助力、具备充分使命感和责任感的新时代狮山少年。

（摘自四川师范大学附属实验学校微信公众号）

西华师范大学唐娅老师来四川文理学院交流环境教育与科普工作

由四川省生态环境厅指导，四川省生态环境宣传教育中心、四川省环境科学学会主办的“四川省环保宣讲进机关、进高校、进国企系列活动”之“大学生环保科普素养提升途径探究”讲座于 2020 年 10 月 19 日在四川文理学院进行。西华师范大学环境科学与工程学院教师、环境教育中心副主任唐娅应邀作专题讲座。此次讲座由四川文理学院化学化工学院院长刘长路主持，四川文理学院南坝校区共计 300 余名师生参加。

此次讲座围绕“大学生为什么要提升生态环境与健康素养”“如何提升生态环境与健康素养”展开。首先，唐娅老师列举了国家有关生态环境保护的政策，介绍了首个环境传播学院成立，表明党和国家对于生态环境保护十分重视，指出了大学生新的就业方向。其次，唐娅老师通过详细的数据，指出科学知识素养水平低是公众生态环境与健康素养水平提升工作中最值得重视的问题。最后，唐娅老师以四川省大学生环保科普创意大赛为例，展示了大学生也可以为生态环保事业做出自己应有的贡献。

刘长路院长对此次讲座进行总结，他强调：“要实现天蓝地绿水清，需要同学们更加专业地参与，必须具备一定的生态环保知识和技能。”

此次环保宣讲的顺利举办，让同学们深刻地意识到生态环境保护的重要性，引导同学们树立良好的生态环保理念，有利于调动同学们的生态环境保护积极性，为“四城同创”以及建设美丽校园打下基础。

（摘自四川文理学院科技处官网）

环保课堂开启“绿色育人”生态文明之花香满校园

近年来，西华师范大学附属小学校一直秉承绿色发展理念，将生态文明融入日常教学工作中。该校以培养学生环保意识、打造绿色校园、构建乐活课程、重视生态科技为宗旨，让孩子们在课程中动手又动脑，不仅让孩子们对环保有了全新的认识，还实现了生物、化学、数学、物理等多学科的有机融合，在师生受益的同时，家长们也纷纷为之点赞。

厨余垃圾变“神奇水”

将红糖、厨余垃圾、水按照 1∶3∶10 的比例进行混合发酵，厨余垃圾就能摇身一变，成为人人喜爱的“神奇水”——酵素。2020 年 11 月 13 日，在西华师范大学附属小学校的科学实验教室内，随处可见这种自制环保酵素的踪迹，而老师、学生正是酵素的制造者。

当天下午，邓书兰老师首先从环保酵素的作用、环保酵素的使用、环保酵素的制作三个方面给学生们普及了环保酵素的知识。制作过程中，同学们都非常投入，偶尔遇到一些困难，邓书兰老师便上前认真指导，课堂互动气氛十分热烈。

“这是我第一次发现小小的垃圾也能有这样的用途，我非常喜欢这种通过动手操作来学习知识的方式。多学科的融合、自己动手实践的快乐、小组合作探究的成就感、环保意识的提高等，都是这个课程带给我的收获。”四年级八班学生赵宇泽一边将废弃的蔬菜果皮放入瓶中，一边告诉记者，他要将今天制作环保酵素的方法教给更多的人，让更多的人参与到环保行动中来。

“说它是‘神奇水’其实一点也不夸张，酵素不仅拥有很强的去污能力，还能驱蚊止痒、净化空气、去除农药残留、改良土壤等，用途还很多，3 个月之后，学生做好的酵素将会被利用于学校植物的浇灌。”课堂上，邓书兰老师一边展示自制酵素，一边向记者介绍道。近年来，该校在生态文化建设方面进行了有益探索，通过倡导生态文明理念、普及生态文明知识、开展生态文明实践等活动，向学生们倡导绿色生活、共建生态文明。“当时注意到学生经常把中午吃剩的果皮扔在垃圾箱，如果把果皮收集起来做成环保酵素，并去探究酵素的作用，不就是很好的综合实践活动主题吗？这样的想法得到学校的大力支持，就这样开启了‘制作环保酵素’课堂的开发、实验、实施之旅。”邓书兰说。

“从表面上看，学校是在进行生态文明教育，其宗旨却是在践行‘绿色育人’。”闵志阳校长说，创建生态绿色校园不仅是绿化环境，更重要的是以一种回归自然的方式焕发生命的活力，去孕育一个个“绿色的人生”，让每一个学生都能和谐发展，让校园成为学生放飞希望的沃土。

环保课堂“绿色育人”

“孩子们，塑料瓶属于什么垃圾呢？”“可回收垃圾。”“那应该放在哪个垃圾桶里呢？”“蓝色可回收垃圾桶。”11 月 16 日，在西华师范大学附属小学校每周一次的朝会上，一堂“垃圾分类课”吸引了全校学生的目光，一问一答的互动形式更是提高了全校学生的参与度。

学校指导学生开展垃圾分类

“文明在心间，分类在指尖。”参与互动的学生冯子鉴告诉记者，通过老师的教学引导，让他了解到生活垃圾分类的重要性，并在不断尝试中养成了环保意识，助力了垃圾资源化、减量化。知为行之基。为了让学生们对垃圾分类有更深入的了解，学校还开展垃圾分类课程，通过收集环保资料、实地调查，让学生们认清环境污染的现状，指导学生了解、掌握垃圾分类知识，设立班级分类垃圾箱和“垃圾银行”，进行垃圾分类并回收再利用。

学生投放垃圾

“我校还积极与社会各界环保组织开展合作，与市科协合作组织开展‘小种子，大未来’主题实践活动，培养孩子们的环保意识；积极加入四川环境教育 1+N 项目，成为环境教育基地，与用心做环境教育与科普的 20 多家中小学、幼儿园、环保单位结成友好合作单位，共同为生态环保教育努力。”闵志阳校长表示，在今后的环保教育工作中，将进一步弘扬生态文化，让生态文明理念在孩子们幼小的心灵里扎根、开花、结果，为生态文明事业注入不竭的动力与活力，让西华师范大学附属小学校成为一所真正的可持续发展的绿色学校。

据了解，西华师范大学附属小学校还发动家长、学生以及社会环保人士共同成立了环保委员会，以“环保”为主题，组织开展了丰富多彩的活动，如开展“环保悦读会”活动及植树活动、参观垃圾分类中心、评选环保小达人、收集环保金点子及环保提案、让班级垃圾分类并回收称重兑换环保基金、成立“小河长、小湖长”工作站等。经过不懈努力，该校现已成为全国生态文明教育示范学校、全国和谐学校、四川省首批绿色学校、四川省无烟单位、南充市绿色学校、南充市文明单位、中国环境教育发展联盟理事单位。

（摘自今日顺庆）

生态文明教育，守护我们共同的未来

习近平总书记强调，“像保护眼睛一样保护生态环境，像对待生命一样对待生态环境”。保护生态环境，践行生态文明教育，我们在行动——生态文明的明灯，照亮了龙泉驿区每一所生态文明联盟学校的天空，明亮纯净；生态文明的种子，扎根于龙泉驿区每一所生态文明联盟学校的土壤，生机盎然；生态文明的理念，播撒于龙泉驿区每一所生态文明联盟学校孩子们的心田，未来可期。

初冬时节，五彩斑斓。龙泉驿区生态文明教育联盟 2020 年“生态文明教育，守护我们共同的未来”第三次会议于 2020 年 11 月 20 日在成都市龙泉驿区航天小学校顺利召开。本次会议的主题是深入推进龙泉驿区生态文明教育联盟发展，壮大联盟队伍，坚持“同心同行、共建共享、共生共长”的生态发展理念，取长补短，错位发展，各显特色。

龙泉驿生态环境局、龙泉驿区教育局相关领导，生态文明教育联盟学校各校（园）长、生态文明教育分管领导，新申请加入生态文明教育联盟学校校长及分管领导出席了本次会议。

全体与会领导、老师们首先参观了航天小学校甲校区生态校园、生态文明教育活动宣传栏、生态科技园、守望气象站、四季园等校园生态文明建设项目并获得了一致好评。

接下来大家欣赏了 6 所生态文明教育联盟学校的原创生态环保音乐剧《生长吧！》，该剧表现了龙泉驿区生态文明教育联盟的核心理念——“同心同行、共建共享、共生共长”。

生态文明教育联盟轮值主席、航天小学校秦文彬校长作了 2020 年生态文明教育工作小结。秦文彬校长对 2020 年生态文明教育工作作了详细的阐述，“不积跬步，无以至千里”，正是在这些点点滴滴的工作中，航天小学校的生态文明教育才能初见成效。

随后，客家小学校、青龙湖小学校分别对本校 2020 年生态文明教育工作

作了全面详细的总结。客家小学校的生态文明教育因渗透了独特的客家文化而别具特色。青龙湖小学校作为国际生态文明教育学校，以其先进的生态教育理念和得天独厚的地理环境，把生态文明教育做得扎实而卓有成效。生态文明教育之花已然盛开且香飘万里，吸引了越来越多的学校想要加入其中。十陵小学、洛带小学、洪河小学通过对学校生态文明教育进行阐述、现场答辩并经专家合议通过后，正式加入龙泉驿区生态文明教育联盟。

随着生态文明教育联盟学校的队伍不断壮大，活动也会更加丰富、生态文明教育联盟秘书长杨元建对 2020 年生态文明教育联盟年会活动做了周到细致的安排。四川新闻网环保频道主编、成都环保志愿服务联合会副主席卢永洪为与会成员作了“生态文明教育联盟学校 + 社区”项目的专业讲解。为目前的生态文明教育走出校园、走进社区做出了专业指引，为今后的工作打开了思路。

龙泉驿区教育局党组副书记、副局长余飞在大会中作了热情真挚的讲话，既有对生态文明教育联盟学校工作的肯定，也有对大家的期望，更对未来的工作做出了方向性的指引。

龙泉驿生态环境局机关党委书记陈伶热情洋溢的讲话充分肯定了大家的成绩。

龙泉驿区生态文明教育联盟 2020 年第三次会议圆满结束。这支不断壮大的队伍，将秉持着“同心同行、共建共享、共生共长”的理念，扎扎实实地开展生态文明教育。“生态文明”必将在每一位联盟学校孩子的心中埋下一颗种子——关于生态，关于文明，关于责任。但愿景长美，人长寿！生态文明，与您共享！

（摘自成都龙泉教育微信公众号）

“绿述”生态环境教学大赛助力环境教育与科普

西华师范大学环境教育协会始终致力于环境教育与科普，开设生态环境课堂，定期开展环境教育与科普活动，宣传普及生态环境保护知识，增强大中小学生的生态环境保护意识。为提高大学生的环境教育与科普教学水平，促进学生全面发展，2020 年 11 月 28 日下午，第三届“绿述”生态环境教学大赛顺利举行。

本次比赛共有 11 名选手参与，比赛分两个环节，分别是选手教学展示和随机答题。在主持人声情并茂的开场及比赛规则介绍后，比赛拉开帷幕。此次比赛的评分要求主要包括选手的课件内容、语言表达、综合印象及时间控制等四个方面，要求选手课件符合比赛主题，风格简洁，清晰明了，内容富有特色。

在教学展示环节，根据选手们的讲解内容可大致分为三类：一是环境污染类，其中包含了噪声污染、空气污染、土壤污染、水污染等诸多环境问题及对人类的危害，并提出了相应的措施，倡导同学们从身边的小事做起，保护环境人人有责。二是政策措施类，通过“光盘行动”、环保“XR”、节约资源、保护物种多样性等内容，倡导学生减少舌尖上的浪费、拒绝野味、抵制野生动物制品。三是生态系统类，通过选手的介绍，大家走进三峡库区，跨越沼泽地，领略了亚马孙热带雨林的风光。参赛选手充分的准备、设计合理的教学过程、准确生动的语言表达、独特新颖的教学方法，让每一位观众有所学、有所获。

在随机答题环节，各位选手对随机抽取的环保词汇进行讲解和描述，“可持续发展”“光盘行动”“持久性有机污染物”“臭氧层空间”“节能减排”等这些环保词汇，能够充分展示选手的应变能力与知识掌握程度。选手们更是凭着“三寸不烂之舌”，机智应变，完美作答，不仅向观众介绍了该词汇的含义，更是通过实例向大家介绍了如何践行“光盘行动”，如何实行节能减排。比赛过程中不时响起热烈掌声，通过初赛和决赛的对比，观众看到了参赛选手突飞猛进的进步、精彩纷呈的展示。

比赛接近尾声，评委们对选手一一点评，西华师范大学环境教育中心副主任、环境教育协会指导教师唐娅对参赛选手的表现给予肯定，并指出了一些不足之处，希望参赛同学能总结提升。

（摘自西华师范大学环境教育中心微信公众号）

营山法堂小学成为西华师范大学环境教育基地

2020 年 11 月 30 日下午，以“牵手环保，绿色出行，低碳生活”为主题的西华师范大学与营山法堂小学共建环境教育基地签约授牌仪式在法堂小学顺利举行。西华师范大学环境教育中心副主任唐娅、环境教育协会志愿者、营山县希望初级中学校副校长方国强、法堂小学全体师生及学生家长代表共计 500 余人参加此次活动。仪式由法堂小学副校长陈泉主持。

法堂小学校长张翼致辞，对莅临学校的各位专家、环境教育志愿者表示热烈欢迎，并简要介绍了学校的环境教育与科普工作。西华师范大学环境教育中心副主任唐娅和法堂小学校长张翼在环境教育基地协议上签字，并为法堂小学授牌。方国强介绍到，法堂小学成为西华师范大学环境教育基地，加入四川环境教育 1+N 联盟，携手大学和联盟学校，开展环境教育与科普，有助于提高学生的生态环保意识、创建绿色学校。

仪式结束后，唐娅老师与法堂小学领导就环境教育与科普工作展开了深入交流。与此同时，环境教育协会志愿者组织学生们在多媒体教室开展“垃圾分类”生态环境课堂。志愿者贺子怡以学生们熟知的动画片中扔放垃圾的场景引入今天课堂主题——垃圾分类，志愿者贺子怡介绍了为什么要开展垃圾分类、垃圾分类是什么、垃圾分类怎么做等内容。在讲解的过程中，学生们踊跃回答问题。志愿者刘雅琳向学生们发放小卡片，学生们按照卡片上的垃圾名称将垃圾分类投放到绿色、蓝色、红色、黑色的垃圾桶里。学生们在玩的过程中不仅感受愉快，更是学会了如何分类垃圾。

欢乐的时光总是短暂的，一堂生动有趣的生态环境课在学生们的欢声笑语中结束了。大家纷纷表示不舍，志愿者刘雅琳告诉学生们，希望大家能够应用课堂上学习的知识，在生活中践行垃圾分类，养成垃圾分类的好习惯，做一名环保小卫士。

（摘自西华师范大学环境教育中心微信公众号）

西华师范大学师生参加四川省科普能力提升培训

2020 年 12 月 30 日，由四川省科学技术厅主办，四川省科技交流中心、国家技术转移西南中心承办的四川省科普能力提升培训班在“双创四川”直播间举行。本次培训班由四川省科学技术厅科技奖励与科普处副处长刘忻、四川省科技交流中心主任丁建共同主持，共计有 1.2 万人在线参与，总浏览量达到 16 万次。西华师范大学川东北环境教育与科普基地、川东北航空模型科普教育基地、西华师范大学天文科普教育基地、西华师范大学生物博物馆等 4 家省级科普基地的师生在线参加此次培训。

四川省科学技术厅副厅长、党组成员、四川省外国专家局局长杨品华在致辞中说到，希望通过本次培训，使科普相关领域人员的科普方式和理念有新的提升，促进全省科普事业发展，并就抓学习、抓谋划、抓基地建设、抓活动、抓宣传、抓人才、抓成渝地区双城经济圈发展等方面提出具体要求。

在培训班上，科学技术部引进国外智力管理司二级巡视员、研究员邱成利作了题为“我国科普政策与能力建设”的报告；科技奖励与

科普处处长杨佼佼解读了《四川省省级科普基地管理办法》相关内容；广东省实验动物检测所所长朱才毅分享了“新时代公众科学传播新理念及创新实验”；四川省人民医院李东宇、四川大学华西医学中心苏勇林、成都市科学技术服务中心龚明霞分别作了题为“玩转健康科普新媒体”“科普场馆数字化建设思考与实践”“加强科学普及，服务创新发展——以成都市科普工作开展为例”的分享与交流。

西华师范大学环境科学与工程学院副院长、环境教育中心（国家生态环境科普基地、川东北环境教育与科普基地、四川省中小学环境教育社会实践基地、四川省中小学生研学实践教育基地）主任李友平受邀参加培训并作了题为“科普培训提高公众生态环境与健康素养”的经验分享。李友平从基地概况、背景意义、科普培训三个方面，介绍了学校、四川环境教育 1+N 联盟、习近平总书记关于科学普及的重要论述、《中华人民共和国科学技术普及法》、《四川省科学技术普及条例》、《四川省省级科普基地管理办法》及生态环境与健康素养的定义和意义，大学生、中小学教师、专业技术人员的环境教育与科普培训。环境教育中心副主任、环境教育协会指导教师唐娅参加培训后动情地说，通过此次四川省科普能力提升培训不仅传播了学校环境教育与科普工作，而且学到了很多科普政策、科普基地建设、科普活动、科普作品创作、科普培训、科普传播的知识和技能，切实提升了学校科普能力。

（摘自四川新闻网环保频道）

11 位节能环保专家为环境学院“十四五”发展“把脉问诊”

2021 年 3 月 23 日下午，四川省节能协会副会长袁亮，四川省生态环境科学研究院原院长叶宏以及来自四川大学、电子科技大学、重庆大学、成都信息工程大学、四川省节能协会的 9 位节能环保专家应邀到校访问，为环境科学与工程学院“十四五”发展“把脉问诊”。西华师范大学副校长龙汉武、环境科学与工程学院相关负责同志及部分教师代表在办公楼 323 会议室与到访专家展开深入交流。

副校长龙汉武对专家们的到来表示热烈欢迎。他简要介绍了学校在人才培养、科学研究、社会服务、文化传承与创新等方面的情况，以及在生态文明教育、生态环境科普方面所取得的成绩，希望各位专家为环境科学与工程学科发展传经送宝、建言献策。

西华师范大学环境科学与工程学院院长黎云祥感谢成渝地区兄弟高校、科研院所、协会等长期以来的关心和帮助，简要介绍了学院“十三五”本科教学、学科建设、师资队伍建设情况，恳请各位专家为学院“十四五”发展出谋划策。

四川省节能协会副会长袁亮简要介绍了四川省节能协会的发展历程及主要业务，希望与西华师范大学开展紧密交流与合作。

四川省生态环境科学研究院原院长叶宏对专家委员会成立背景及主要工作作了说明，并肯定了西华师范大学在生态环保领域所做的努力，期望学校取得新的优异成绩。

四川大学赖波、郭荣辉、岑望来、李月丽，电子科技大学张真源，重庆大学丁林、冒祥熙，成都信息工程大学程庆锋，四川省节能协会田洁等节能环保专家逐一发言，紧紧围绕环境科学与工程学科人才培养、科学研究、社会服务以及南充市“十四五”节能环保产业发展等内容进行交流，就

“十四五”环境科学与工程学院提质增效、融入成渝地区双城经济圈发展、积极实现“碳达峰、碳中和”目标展开讨论。

（摘自西华师范大学官网）

爱水一课堂——长江大保护之嘉陵站

2021 年 7 月 30 日，西华师范大学环境教育协会开展了一堂主题为“你我共守一江水”的线上生态环境课。志愿者赵思琪以长江白鲟的灭绝为切入点，引出课堂的主题——长江。整个课堂围绕长江来开展爱水教育，以长江的地理、长江的现状以及《中华人民共和国长江保护法》等 3 个方面来展开。

当问同学们有哪些固体废物会造成长江水体污染时，同学们积极回答道是废塑料、橡胶；接着，志愿者赵思琪给同学们总结了会造成水体污染的一些固体废物种类，并提醒同学们不要随意在江边扔垃圾。讲到长江流域的非法捕鱼时，志愿者赵思琪给同学们播放了一段非法捕鱼的经典事例，以此来让同学们知道非法捕鱼的严重性，并告诉同学们当看到身边有人在非法捕鱼时，要及时举报，不能包庇。

最后，志愿者赵思琪给同学们介绍了《中华人民共和国长江保护法》中保护长江流域水生生物的条例，希望同学们能够知道保护长江水生生物的必要性，并且在课堂后花一些时间去了解《中华人民共和国长江保护法》更多的内容，将自己学到的知识科普给身边的人，一起为保护长江贡献一份自己的力量！

（摘自西华师范大学环境教育中心官网）

西华师范大学学生在全球环境挑战赛中获奖

2021 年 6 月 6 日，由联合国环境规划署与同济大学共同主办，西华师范大学、福建师范大学协办的国际学生环境与可持续发展大会（ISCES）暨全球环境挑战赛活动顺利闭幕。33 个国家、100 多所学校的近 300 个学生团队参赛，以“生态系统恢复”为主题，分为“生态系统与气候变化”、“生态系统与人类健康”、“生态系统与循环经济”和“生态系统与绿色城市”4 个赛道，角逐冠军、亚军、季军和最受欢迎奖。西华师范大学环境科学与工程学院 100 余名师生在线参加大会高峰论坛。

西华师范大学环境科学与工程学院 2018 级本科生、环境教育协会负责人刘雅琳带领 7 人团队参加比赛。经过前期的议题接收、方案制作、全英文方案汇报视频录制等环节，顺利进入总决赛。在总决赛线上问答环节中，面对评委的提问，刘雅琳同学流畅对答，将小组方案阐述得清晰明了，赢得了评委肯定。最终在全球近 1 300 个参赛学生、近 300 份方案中脱颖而出，获得 2021 年国际学生环境与可持续发展大会全球方案挑战赛季军团队荣誉。

刘雅琳同学表示："能够参与这样影响力巨大的国际赛事，我深感荣幸。作为一名环境学子，我们所追求的正是一种可持续发展的状态，而绝非眼前的美好。"指导教师唐娅表示："学生参加这样的国际赛事，专业知识得到了拓展，自身能力也得到了提升，希望他们在参赛的同时能多多学习，取长补短，主动、用心、持续地为生态环境保护出一份力。"

（摘自西华师范大学环境教育中心官网）

悬崖上捡垃圾　营山太蓬山来了一群"绿马褂"

2021 年 8 月 22 日，在南充市营山县四川太蓬山国家森林公园，一群身着蓝绿相间外褂的身影格外亮眼，他们行走在森林公园里，捡拾阶梯旁、草丛等处的垃圾，以实际行动助力生态环境保护，他们就是来自南充市户外公益协会的志愿者。

"姐姐，这个易拉罐属于可回收物品吗？""当然是，把它捡拾起来后放在可回收垃圾袋里。"在当天的活动中，今年 4 岁的李彦诺是最小的志愿者，在父母和姐姐的带领下，他手拿垃圾夹，不停弯腰拾捡草丛和小道上的垃圾，得到了不少路人的夸赞。

在当天的活动中，除了在山上捡垃圾的志愿者，还有一群在悬崖上捡垃圾的黄色身影。置身于陡峭的悬崖，腰间的安全绳是他们生命的唯一保障。记者在现场看到，来自南充市绸都应急救援协会的志愿者们在悬崖上"飞檐走壁"，而让他们这么冒险去捡的正是某些人不经意间丢下的垃圾。"希望游客们在欣赏美景时不要留下多余的‘痕迹’。”该协会会长陈丹说，一般清洁工人无法清理悬崖上的垃圾，日积月累后垃圾越来越多，他们便前来开展垃圾清理公益行动。

“请问现场的志愿者们，你们在家空调开多少度呢？”“我们要优先选择绿色产品，尽量购买耐用品。”为了提高志愿者环保意识，本次活动特别邀请全国百名最美生态环保志愿者、四川省首届十大绿色先锋、西华师范大学教授李友平在现场开展生态环境教育沙龙。他表示，希望更多的人一起过低碳生活，做绿色公民。

（摘自南充见 App）

■ 西华师范大学牵头四川省环境科学学会生态环境科普专业委员会

近期，四川省环境科学学会第八届第二次会员代表大会暨第八届理事会第二次全体会议（以下简称“会议”）在四川省成都市顺利举行。会议审定通过了成立“生态环境科普专业委员会”等两个分支机构，由西华师范大学作为生态环境科普专业委员会的牵头单位，由西华师范大学环境教育中心主任李友平担任主任委员。会议由四川省环境科学学会副理事长陈维果主持，四川省生态环境厅党组成员、副厅长兼学会理事长彭勇作重要讲话，四川省生态环境厅科技与财务处处长阳恺、学会副理事长叶宏、监事长方自力，副理事长单位、常务理事单位、理事单位、监事及各分支机构代表约 120 人出席此次会议。

四川省生态环境厅党组成员、副厅长兼学会理事长彭勇指出，生态环境科普是四川省环境科学学会的一项基础性工作，是帮助公众科学正确对待环境问题的重要手段。学会要积极动员全体会员及广大生态环境科技工作者，整合社会资源，在科普工作的广度和深度上深入拓展。实施科普惠民行动，提升全民环境科学素质水平。依托新成立的生态环境科普专业委员会，构建生态环境科普传播联盟，指导建设一批高水平的生态环境科普基地，擦亮生态科普活动品牌，开发生态环境科普资源，引导建立一支专业化的生态环境科普人才和志愿者队伍，继续做好居民环境与健康素养调查。

生态环境科普专业委员会的职责有以下几点：制订生态环境科普专业委员会年度工作计划；形成生态环境科普研究报告和咨询建议；组织开展生态环境科普研讨交流和推广活动；开展生态环境科普研究与实践专题培训；反映生态环境科普工作者的意见、诉求和建议；推进生态环境科普成果转化，建立生态环境科普志愿者队伍，培养和举荐生态环境科普人才；为生态环境科普基地创建工作提供技术支撑；承担四川省环境科学学会交办和委托的相关工作。

目前，生态环境科普专业委员会按照四川省环境科学学会的要求，主动、用心、持续开展全省生态环境科普工作，建立覆盖各行业、各地区的生态环境科普专家队伍，举办四川省大学生环保科普创意大赛，协助国家生态环境科普基地现场评估，筹办四川省环境教育与科普研讨会。

（摘自西华师范大学环境教育中心官网）

第5章

四川环境教育 1+N 交流平台（“三个一”）

5.1 环保科普创意大赛

■ 环境教育 1+N 在行动　四川省首届环保科普创意大赛开评

按照活动安排，2016 年 5 月 18 日，备受关注的四川省首届环保科普创意大赛开启了专家评审。据了解，截至 2016 年 4 月 30 日，大赛共收到作品近 400 份，其中有效作品 314 份。在评审中，尤为抢眼的作品是“绿色生活‘三字经’”。主办方介绍到，此次大赛的评审结果将在近期正式公布。西华师范大学环境科学与工程学院副院长李友平说：“四川省环保科普创意大赛是四川环境教育 1+N 项目的又一具体行动。”下面就是记者带来的四川新闻网环保频道携绿色视川的独家现场报道。

评委寄语

需要更多人的参与

四川新闻网记者采访了四川省首届环保科普创意大赛评委。四川省环境教育专家何平均、高天福告诉记者，我们的环境宣传教育工作任重道远，需要更多人的参与乃至奉献；四川省环境科学学会副秘书长胡颖铭告诉记者，环保科普工作“重的是参与，比的是耐力，讲的是方法，你我他同心共进”。西华师范大学环境科学与工程学院副院长李友平说，这是西华师范大学环境教育中心通过四川环境教育 1+N 项目的又一具体行动及尝试。四川新闻网环保频道主编卢永洪感慨道，环境教育 1+N 模式正在显现其特有的作用。在内核深化的同时，其外延也在不断地扩大，并且还正在开花结果。

5 个类别 314 份作品

四川省环境科学学会主办　环境教育 1+N 助力

四川省首届环保科普创意大赛主办单位是四川省环境科学学会。此次活动具体由西华师范大学环境教育中心携四川省环境教育 1+N 项目承办，四川友熙环保科技有限责任公司也积极地为活动提供了相关的赞助。西华师范大学环境科学与工程学院副院长李友平坦言道，此次大赛于 2016 年 3 月 7 日发布通知，依托环境教育 1+N 模式，在四川省环境保护厅、四川新闻网、四川友熙环保科技有限责任公司、西华师范大学环境教育中心网站，西华师范大学环境科学与工程学院、环境教育中心、四川友熙环保科技有限责任公司微博，等媒体上展开推广宣传；还点对点地将通知送进中小学、幼儿园；在 2016 年 4 月 8 日四川省环境教育 1+N 工作交流会上，也将通知直接送达与会者手上。征集作品涵盖绘画、摄影、动画、微电影、文案五大类。截至 2016 年 4 月 30 日，共收到作品近 400 份，其中有效作品 314 份，涉及四川的大学、中小学及幼儿园、环保企事业单位。数据显示，此次大赛收到的作品是微电影 18 部、动画 8 部、文字方案 14 件、摄影作品 22 件和漫画 252 件。

环保不是口号
从身边力所能及的小事情着手

看到各类参赛作品，四川省环境科学学会副秘书长胡颖铭强调，环保不是口号，尚需内化为自觉行动；创意不必超现实，更应点亮现实生活。环保科普工作是场游泳接力赛，重的是参与，比的是耐力，讲的是方法，你我他同心共进。面对严峻的环保现实，四川友熙环保科技有限责任公司 CEO 桂通熙颇有感触地说道：“作为一个成长中的环保科技公司，我们势单力薄，但我们愿意尽绵薄之力，做好我们的每一件小事。希望通过自身努力影响到身边的人，进而带动更多的人参与进来，共同将青山、碧水、蓝天的环保梦早日实现。平时，我们的每一个员工都以环保科普宣传员的身份，将自己关注的环保类帖子做转发，我们在从身边力所能及的小事情着手行动。”

据主办方介绍，四川省首届环保科普创意大赛作品评审工作现在正式开始。依据规则和安排，此次大赛的评审结果将在近期正式公布。

延伸阅读

四川环境教育 1+N 模式是指西华师范大学 1 所大学与 N 所（家）四川省环境友好型学校、四川省中小学环境教育社会实践基地合作开展环境教育，打造环境教育的品牌活动。

（摘自四川新闻网）

2017 年四川省环保科普创意大赛在西华师范大学举行

2017 年 11 月 20 日，由四川省教育厅和四川省环境科学学会主办，西华师范大学环境科学与工程学院、环境教育中心承办的 2017 年四川省大学生环保科普创意大赛和四川省第二届环保科普创意大赛圆满落下帷幕。

本次创意大赛以“绿水青山就是金山银山”为主题，旨在倡导环保理念，普及环保知识。征集作品涵盖绘画、摄影、动画、微电影、文案五大类。自此次大赛启动以来，共收到全省 20 所高校的有效作品 145 份，12 所中小学、幼儿园的有效作品 103 份。经专家评审，高校组共评选出获奖作品 91 项，其中一等奖 14 项、二等奖 29 项、三等奖 48 项；中小学组共评选出获奖作品 31 项，其中一等奖 5 项、二等奖 10 项、三等奖 16 项。

本次大赛的举办进一步提高了四川省师生的环保意识，让环保理念深入人心。

（摘自四川教育网）

2018 年四川省大学生环保科普创意大赛收官

2018 年 10 月 24 日上午，由四川省教育厅主办，四川省环境科学学会协办，西华师范大学承办的 2018 年四川省大学生环保科普创意大赛评审会在成都市举行。

四川省环境科学学会陈维果、四川新闻网卢永洪、四川农业大学杨娟、西南科技大学张清东、内江师范学院张金洋、成都纺织高等专科学校税永红和四川科盛新环境科技有限公司赵柏清担任本次评审会的专家。评审会开始前，西华师范大学环境科学与工程学院副院长、环境教育中心（国家环保科普基地）主任李友平简要介绍了 2018 年四川省大学生环保科普创意大赛的申报、组织、宣传、报名和作品收集、整理、归类、初审等情况，希望专家们按照四川省教育厅大学生竞赛通知、实施方案和评分细则的要求，认真评审，确保评审结果公平、公正。经专家们集体讨论，推选四川省环境科学学会执行副会长陈维果担任本次评审会组长。

此次大赛以“美丽中国，我是行动者”为主题，面向四川省在校大学生征集作品，作品形式分为视频类、图片类、文字类三种。7 位专家根据作品所体现的思想性、科学性、可读性、艺术性、统一性、创意性进行评分。最后，7 位专家分别对本次参赛作品做了总结性点评，提出了各自的意见和建议，以利于四川省大学生环保科普创意大赛举办得更好。

据悉，本次大赛于 2018 年 3 月 2 日经四川省教育厅批准，5 月 28 日发布大赛通知，6 月 30 日收到 26 所高校报名表，9 月 30 日收到 270 项作品，其中视频类 49 项、图片类 148 项、文字类 73 项。经专家评审会评审，共评选出获奖作品 82 项，其中一等奖 13 项、二等奖 28 项、三等奖 41 项。

（摘自四川新闻网）

2019 年四川省大学生环保科普创意大赛丨唐娅：创下新高

在南充市，2019 年四川省大学生环保科普创意大赛迎来最终对决。11 月 9 日早上，将近 8:00，200 多名参赛选手齐聚西华师范大学。一眼望过去，积极准备决赛的他们，个个是精神抖擞、志在必得的样子。据悉，今年参赛高校和参赛作品数更是创下新高。

按照赛制安排，较早前，在经初赛评定后，其中 102 个（套）作品入围获奖；其中，按类别分别排名在前 30% 的入围获奖作品最终进入决赛现场，角逐一等奖、二等奖。

最终对决在两个教室同时开展。在现场，通过大家对作品的演绎阐述，参赛选手用富有感染力的话语，将生态环境保护理念再一次传递给大家。其中，视频组作品的表现形式多样，包括卡通、沙画、手绘、真人活动等不同形式。

赛后，中国环境科学学会科普部杨勇点评道：“我在作品中看到了大家对于生态环境保护的热情与理想，作品优秀，讲解清楚，希望今后的作品更聚焦、更有创意。”作为本次大赛负责人，西华师范大学环境科学与工程学院教师、环境教育中心副主任、环境教育协会指导教师唐娅介绍：“大赛之前已举办两届，今年参赛高校和参赛作品数更是创下新高。”此次的参赛选手分别来自四川省内 33 所高校，其参赛作品共计 340 个（套）。

另据了解，2019 年四川省大学生环保科普创意大赛由中国环境科学学会指导，四川省教育厅主办，西华师范大学、四川省环境科学学会承办，四川新闻网环保频道支持。

（摘自四川新闻网）

总结丨2019 年四川省大学生环保科普创意大赛一等奖作品展示

2019 年四川省大学生环保科普创意大赛由四川省教育厅主办，四川省环境科学学会和西华师范大学承办，四川新闻网支持。此次大赛以“美丽中国，我是行动者”为主题，旨在普及环保科学知识，繁荣环保科普作品创作，引领大学生践行绿色生活。经初赛、决赛角逐，共评选出 205 件获奖作品（视频类 49 件、图片类 156 件），其中视频类一等奖 8 项、图片类一等奖 26 项。

为了让更多人欣赏到这些优秀的环保科普创意作品，也为了让更多参赛者学习借鉴，西华师范大学环境教育中心微信公众号于 2020 年 2 月 15 日开始，连续在星期一、星期三、星期五发布大赛的一等奖作品；截至 3 月 30 日，共发布 21 期，其中视频类作品 8 期、图片类作品 13 期。每期推文不仅展示了作品本身，更详细地介绍了每个作品表达的含义，让每一位读者在欣赏作品的同时学习并反思。与此同时，这些发布作品在西华师范大学环境教育中心微博、QQ 群、微信群等平台进行转发，四川省环境科学学会、中国环境科学学会环保科普 365 等微信公众号也连续转载，充分利用各类资源平台，让更多的人以不同的方式学习，仅微博和微信阅读量就分别达到 12 360 次和 1 260 次。相信每一个读者都有或多或少的收获，在未来的生活中都会践行生态环保理念。

生态环境问题是当前社会关注的焦点，改善生态环境质量，携手共创“天蓝、地绿、水清”的美丽中国已成为全社会的共识。西华师范大学环境教育中心一直主动、用心、持续开展环境教育，积极宣传推广生态环境保护知识，开展“美丽中国，我是行动者”系列活动。

（摘自西华师范大学环境教育中心微信公众号）

■ 四川省第四届大学生环保科普创意大赛在西华师范大学成功举办

2020 年 10 月 22—23 日，四川省第四届大学生环保科普创意大赛决赛在西华师范大学举办。大赛共收到 41 所高校的 493 件参赛作品，共评出一等奖 49 项等奖项。

四川省大学生环保科普创意大赛已连续举办 4 年。此次大赛由中国环境科学学会指导，四川省教育厅主办，西华师范大学、四川省环境科学学会承办，旨在让大学生学习、践行、传播生态环境保护知识，强化环境教育与科普工作，提高公众的生态环境与健康素养，做到“美丽中国，我是行动者”。

大赛共收到 41 所高校的 493 件参赛作品，参赛高校数量和作品数量均超过前 3 年。经初赛评审，具有创新性的 147 件作品进入决赛，角逐一等奖、二等奖。经过来自 31 所高校的 31 位评审专家在决赛现场的评审，最终评出图片类一等奖 39 项、二等奖 78 项，视频类一等奖 10 项、二等奖 20 项。

评审期间，专家们围绕大赛的专业性、作品类型、评分标准、传播方式等内容进行了深入研讨，提出加强学科性、鼓励老师参与科普、加大优秀作品传播、对接图片视频市场、多出环保科普“爆品”等建议。

西华师范大学副校长龙汉武介绍，西华师范大学充分发挥“环境 + 教育”优势，主动、用心、持续开展环境教育与科普，被授予“国家生态环境科普基地”“四川省中小学环境教育社会实践基地”等称号，有义务做好生态环境保护的组织、宣传、推广工作。希望通过这项比赛，能够引导大学生关注身边生态环境保护先进事迹、人物，宣传国家生态文明建设理念，普及生态环保科学知识，引领社会公众践行生态环保时尚新生活。

参赛学生王杨萍表示：“大学生环保科普创意大赛聚焦生态环境保护，是非常好的锻炼平台。作为环境工程专业的学生，我会和同学们一道，积极宣传习近平生态文明思想，践行‘绿水青山就是金山银山’理念，传播生态环境保护知识，改善生态环境质量。”

（摘自四川省教育厅官网）

2021 年四川省大学生环保科普创意大赛参赛高校和作品再创新高

2021 年 11 月 4 日，由中国环境科学学会、四川省生态环境厅、四川省科学技术协会指导，四川省教育厅主办，西华师范大学、四川省环境科学学会承办，四川新闻网环保频道支持的 2021 年四川省大学生环保科普创意大赛（以下简称“大赛”）决赛在西华师范大学以线上评审的方式举行。四川省教育厅高等教育处副处长高波，西华师范大学党委常委、副校长陈涛，教务处处长黄元全，环境科学与工程学院院长黎云祥，环境教育中心主任李友平及来自四川大学、成都信息工程大学、西南石油大学、西南民族大学、四川农业大学、西华大学、成都理工大学、四川轻化工大学、西南科技大学的 9 位高校评审专家和各高校参赛作品指导教师 90 余人出席大赛决赛开幕式，开幕式由黎云祥主持。

西华师范大学党委常委、副校长陈涛致欢迎词，对各位专家表示热烈欢迎，向入围决赛的 46 所高校共 156 个作品的作者及指导教师表示热烈祝贺，对大家的支持表示衷心感谢。他讲到，学校发挥“环境 + 教育”优势，主

动、用心、持续开展环境教育与科普工作，被命名为“联合国环境规划署青年与教育联盟成员”“国家生态环境科普基地”“川东北环境教育与科普基地”“四川省中小学环境教育社会实践基地”“四川省中小学生研学实践教育基地”。随后，四川省教育厅高等教育处副处长高波讲话时指出，从参赛高校及作品数量来看，大学生环保科普创意大赛的影响在不断扩大，作品质量也在不断提高，但是依然存在不足之处。他希望各位评委专家和工作人员坚持公平公正，实施正确导向，恪尽职守，营造风清气正的赛风赛纪。最后，西华师范大学环境教育中心主任李友平就大赛概况和评审规则进行了详细说明。

据悉，此次大赛共有 48 所高校参赛，参赛作品共计 631 个，参赛高校数量和作品数量再创新高。10 月 14 日，大赛初赛在四川省环境科学学会举行，来自四川省生态环境宣传教育中心、四川省科技交流中心、四川省环境科学学会、四川新闻网、四川科技馆、中国科学院成都生物研究所、成都大熊猫繁殖研究基地的 7 位专家进行评审，最终评选出积极健康且反映社会主义核心价值观、具备生态环境科技知识、具有创新性的 156 个作品进入决赛，角逐一等奖、二等奖。

四川省大学生环保科普创意大赛已连续举办四届，聚焦生态环境，有助于大学生关注身边生态环境保护先进事迹、人物，传播普及生态环境保护知识，宣传习近平生态文明思想，强化环境教育与科普工作，树立“绿水青山就是金山银山”理念，引领社会公众践行生态环保新生活。

（摘自西华师范大学环境教育中心官网）

5.2 中小学环境教育教师培训

四川省第五届“美境行动”骨干教师培训在西华师范大学举行

2016 年 6 月 7 日上午，四川省第五届“美境行动”生态环境教育骨干教师培训（以下简称“培训”）在西华师范大学华凤校区图书馆举行，西华师范大学副校长彭正松，教务处、环境科学与工程学院主要负责人，环境教育与科普基地教师及志愿者，四川省环境保护宣传教育中心主任曹小佳及项目负责人以及来自全省 18 个地市州的专家和代表共计 100 余人参加了此次培训。

西华师范大学副校长彭正松代表学校致辞，他首先感谢四川省环境保护宣传教育中心对西华师范大学的信任，欢迎来自全省的各位专家代表，接着简要介绍了学校概况及环境教育与科普开展情况。彭正松副校长强调，学校将以创建“全国中小学环境教育社会实践基地”和“国家环保科普基地”为契机，加大环境教育与科普力度，为环境保护和生态文明建设做出应有贡献。四川省环境保护宣传教育中心主任曹小佳代表中心感谢西华师范大学对培训工作的精心组织，希望今后加强合作，预祝培训取得圆满成功。

开班仪式结束后，培训由西华师范大学环境科学与工程学院院长黎云祥主持。西华师范大学环境科学与工程学院副院长、环境教育中心主任李友平简要介绍了环境教育中心的基本情况，重点介绍了四川环境教育 1+N 项目的概况及工作计划。四川省环境保护宣传教育中心“美境行动”项目负责人姜蓉对“美境行动”进行了详细的介绍，呼吁更多学校参与其中。四川省教育科学研究所刘传星针对“美境行动与环境教育实践”，与参会老师进行深入的交流。西华师范大学教务处处长冯明义对“生态文明与可持续发展”提出了一系列的见解。

6 月 7 日下午，自贡市富顺县西湖幼儿园园长高礼萍、自贡市蜀光绿盛实验学校副校长梁雪梅、富顺县华英实验学校中学高级教师易梅先后分享了四川省“美境行动”获奖案例——《光盘行动》《夏季空调房微生物繁殖的实验研究》《快递行业中过度包装的调查研究》等。在分享的优秀案例中，科学有趣的环保活动方案带动了学生们关注身边环境问题的积极性、培养了孩子们对科学的探索能力和团队合作意识，更使孩子们通过亲身体验科学研究，养成了节约资源、保护环境的行为习惯，给予了与会教师许多的帮助与启示。

6 月 8 日上午，四川省环境科学学会宣传教育工作委员会副主任委员何平均老师作了以《与时俱进，绿色创新——美境行动获奖项目评析与启示》为题的报告，对他 36 年来从事环境教育的经验进行讲解、传授。四川省环境科学学会宣传教育工作委员会副主任委员高天福对参赛项目评审的要求进行了详细解读，并对申报存在的问题进行详细解释。

（摘自西华师范大学官网）

四川省第二届中小学环境教育与科普教师培训成功举办

2017 年 7 月 10 日，由四川省科技厅指导，四川省环境科学学会主办，西华师范大学环境科学与工程学院、环境教育中心承办，营山县教育局、营山县环境保护局、营山县金华希望学校协办的四川省第二届中小学环境教育与科普教师培训（第一期）在南充市营山县金华希望学校成功开启。在整个培训期间，不顾天气的炎热，参加培训的教师个个情绪饱满，学习氛围浓厚。无论是在讲座上的倾听、分组讨论时的踊跃交流，还是在水厂车间的参观……带来的是大家积极的共鸣，是对环境教育拓展的进一步思考。

在开班仪式上，南充市营山县教育局局长蔡红兵、西华师范大学环境科学与工程学院副院长李友平分别对此次培训的重要意义、培训目标发表了讲话并预祝培训圆满成功。

四川新闻网环保频道记者现场获悉，此次中小学环境教育与科普教师培训共举办专题讲座 7 次，举办国家环境教育教师培训分享讲座 1 次，举办参训教师交流会 1 次，参与培训的教师共计 600 余人次。通过培训，教师们了解到国家环保政策、环保法的新增内容等环境领域专业知识和在中小学开展环境教育与科普的相关经验，纷纷表示在今后的教学过程中可以引导中小学生从小树立爱护环境的意识及行为习惯，从而通过一个学生影响一个家庭，通过一个家庭影响一个社区，通过一个社区影响全社会，为环保事业做出积极贡献。

（摘自四川新闻网）

开学第一课：四川省第二届中小学环境教育与科普教师培训在自贡汇西小学

2017 年 9 月 1 日，由四川省科技厅指导，西华师范大学环境科学与工程学院、环境教育与科普基地主办，自贡汇西小学协办的四川省第二届中小学环境教育与科普教师培训（第二期）（以下简称“培训”）在自贡汇西小学成功开展。此次培训也成为了自贡汇西小学教师们的开学第一课。在参加培训的过程中，教师们充满激情、积极讨论，在思维的碰撞中迸发出环境教育与科普绚丽的花火。

自贡汇西小学校长何英、四川新闻网环保频道主编卢永洪、自贡蜀光绿盛实验学校沈鹏程、西华师范大学环境教育中心唐娅分别就“中小学环境教育”“四川省环境保护展望”“中小学环境教育开展”“国际生态学校创建”等四个专题展开培训。在培训中，四川新闻网环保频道主编卢永洪特别提到现阶段环境保护信息不对称的问题，其坚持环保与时尚相结合的方式得到了教师们的大力赞扬与共鸣。

当日，参训教师还到自贡美和水处理有限公司参观学习，公司工作人员为大家讲解了污水的处理工艺流程。在参观过程中，教师们积极提问，共同交流，工作人员皆一一作答，工作人员详细具体的讲解让教师们对污水的处理工艺有了一定了解，看到污水变得清澈，发出了由衷的感慨。

此次培训引发了教师们的思考，他们纷纷表示受益匪浅。一位教师谈到：“作为教师，我们能做些什么呢？改变自己，影响学生，树立环保意识，让学生了解环境保护的重要性和迫切性。”相信在教育前线的教师的支持努力下，中小学环境教育与科普将会迈出又一坚韧的步伐。

（摘自西华师范大学环境科学与工程学院官网）

西华师范大学主办四川省中小学环境教育与科普教师培训

2018 年 9 月 20—21 日，由四川省环境科学学会指导，南充市顺庆区教育局和西华师范大学环境教育中心主办的四川省第三届中小学环境教育与科普教师培训在西华师范大学附属小学校举行。南充市顺庆区 64 所中小学及幼儿园共 76 名学员参加培训。本次培训旨在提高中小学及幼儿园教师的环境教育与科普能力，促进中小学及幼儿园学生提升生态环境保护意识并养成自觉的生态环境保护习惯。

开班仪式上，西华师范大学环境科学与工程学院院长黎云祥致辞。首先，他强调了学习习近平生态文明思想，传播各级生态环境保护大会精神和全国教育大会精神的培训目的。随后，他感谢大家对本次培训的大力支持。接着，简要介绍了学院及其环境教育与科普特色。最后，希望大家学有所获，勇于担当生态文明教育的传播者、践行者。南充市顺庆区环境保护局副局长刘正阳、教育局股长李英、西华师范大学附属小学校校长闵志阳分别致辞并预祝培训圆满成功。

西华师范大学环境教育中心主任李友平、廖小强、张燕群、刘莉 4 位专家分别就中小学环境教育与科普创新、生态教育、绿色校园、垃圾分类等话题进行了专题讲座。“发展环境教育、绿色校园，是在于你想不想做与敢不敢做，而不是在于能不能做的问题。”成都市青龙湖小学校校长廖小强如是说。在专家访谈中，各位专家环环入扣，深入细致地回答了环境教育与科普的热点和难点问题。

西华师范大学环境教育中心老师和环境教育协会志愿者带领培训学员前往中航工业南充可再生能源有限公司与南充污水处理有限责任公司参观学习。相关的工程技术人员为培训学员详细地介绍了垃圾焚烧发电和生活污水处理工艺并耐心解答提问。通过实地参观学习，学员们将环境教育与科普理论与实践结合，使生态环境教育更具体。结业典礼上，来自幼儿园、小学、初中、高中和职中的 5 位学员分享了两天的学习体会，纷纷表示收获良多、受益匪浅，期待得到专家更多、更好的指导，携手共创天蓝、地绿、水清。

据了解，四川环境教育 1+N 三个交流平台之一的“四川省中小学环境教育与科普教师培训”已经成功举办三届，受四川省环境保护宣传教育中心、四川省科技厅、四川省环境科学学会委托，在南充、泸州、成都等 9 个地市州培训 1 000 多名中小学、幼儿园环境教育与科普教师，受到环境、教育、科技、宣传等各级职能部门和社会的广泛赞誉。

（摘自西华师范大学官网）

四川省宜宾市兴文县启动生态文明科普教育实践活动

为深入贯彻党的十九大会议精神，推动生态文明教育与全县生态环境综合治理相结合，切实提升学生及全社会的环保意识，2019 年 1 月 12 日，兴文县教体文广局、兴文县科学技术协会和兴文县环境保护局联合主办的兴文县生态文明科普教育实践启动仪式（以下简称“启动仪式”）在兴文县共乐小学举行。启动仪式由兴文县科协党组书记、常务副主席高永格主持，西华师范大学环境科学与工程学院副院长李友平、四川新闻网环保工作室主任卢永洪和成都市龙泉驿区青龙湖小学校校长廖小强作了专题讲座。

启动式上，兴文县古宋镇第二小学校、共乐小学、大坝民族小学、红军岩红军小学被授予首批四川环境教育 1+N 基地。在接下来召开的兴文县生态文明科普教育实践活动研讨会上，西华师范大学环境科学与工程学院副院长李友平教授以《中小学、幼儿园环境教育实践与创新》为题，解释什么是“四川环境教育 1+N”，重点讲述了中小学环境教育实践与创新，为如何打造生态文明教育理清了思路并指明了方向。四川新闻网环保工作室主任、四川新闻网环保频道资深主编卢永洪以介绍四川省首届环境科普大“讲”赛为切入点，从“一个赞”引入国际社会对中国生态文明建设的高度认可，强调了环境科普教育的责任和方向。成都市中小学环境教育专家组成员、龙泉驿区青龙湖小学校廖小强校长作了以《环境教育——从爱美之心到知行合一》为题的专题讲座，从学校层面讲环保，学校能为环保做些什么，分享青龙湖小学校环保活动开展经验以及学校的特色做法，为兴文县做好此项工作提供可借鉴的经验。最后，兴文县师训中心主任余霞对本次研讨会作总结并布置下一阶段工作。

此次生态文明科普教育实践活动的启动将推动环境科普教育落实见效，使生态文明理念得到更广泛的普及，让环保意识更加深入人心。

（摘自宜宾新闻网）

四川省宜宾市兴文县全县学校创建国际生态学校

2019 年 4 月 4 日，四川省第四届中小学环境教育与科普教师培训（以下简称“培训”）在宜宾市兴文县古宋镇第二小学校举行，近 100 名中小学、幼儿园校长参加培训。此次培训由兴文县教育与体育局、生态环境局主办，西华师范大学、四川省环境科学学会承办。兴文县人民政府副县长周丽虹出席并讲话，她强调了生态文明的重要性，要求全体学员学以致用，推进生态文明教育进校园。兴文县教育与体育局局长张强从提高站位深化认识、生态文明教育正逢其时、搭建平台找到方法、重在落实贵在坚持等四个方面作了培训动员。

成都市青龙湖小学校廖小强校长结合学校自身的发展定位，分享了生态文明教育的成功做法，重点介绍了国际生态学校创建的方法。西华师范大学环境教育中心副主任、环境教育协会指导教师唐娅简要介绍了国际生态学校项目，重点讲解了“七步法”和“申报主题”。西华师范大学环境科学与工程学院副院长、环境教育中心主任李友平重点介绍了四川环境教育 1+N 联盟及其为中小学、幼儿园开展生态文明教育进行指导的实践与创新。3 位专家紧紧围绕生态文明教育内容特别是国际生态学校创建进行了深入讲解。学员们不仅要了解为什么要创建国际生态学校，而且还需知道如何创建国际生态学校。

据悉，由四川环境教育 1+N 联盟搭建的“一竞赛一培训一会议”之中小学环境教育与科普教师培训已连续举办四届共八期，有 1 200 多名中小学、幼儿园教师参加培训。

（摘自四川新闻网）

■　四川省第四届中小学环境教育与科普教师培训成功举行

为深入贯彻落实习近平生态文明思想，持续推进生态文明教育，2019 年 6 月 22—23 日，由四川省环境科学学会指导，营山县教育科技和体育局、营山县环境保护局和西华师范大学环境教育中心（国家生态环境科普基地、四川省中小学环境教育社会实践基地）主办，营山县金华希望学校承办的四川省第四届中小学环境教育与科普教师培训（以下简称“培训”）成功举行。来自省、市、县各级教育和生态环境部门领导、专家，全县近百所中小学、幼儿园的校（园）长 150 余人参加活动。

培训开班暨授旗仪式由营山县教育科技和体育局局长蔡红兵主持。营山县委副书记朱胜国受县委书记黄金胜、县长罗明远委托，南充市教育和体育局副局长唐永强受黎明局长委托分别讲话。他们对出席今天活动的各位领导、专家及来宾致以诚挚的欢迎，对推进生态文明教育的指导单位、主办单位、承办单位表示由衷的感谢，对金华希望学校创新发展、荣获川东北首家国际生态学校绿旗荣誉表示热烈祝贺。西华师范大学环境科学与工程学院院长黎云祥在致辞中说，感谢大家对中小学环境教育与科普教师培训的大力支持，祝贺金华希望学校成功创建川东北首家国家生态学校。生态环境部宣传教育中心教育室副主任祝真旭宣读文件并授旗。

培训的专题报告由西华师范大学环境教育中心副主任唐娅主持。生态环境部宣传教育中心教育室副主任祝真旭系统介绍了环境教育的缘起与发展；南充市生态环境局副局长李中轩介绍了南充市生态环境现状及对策；西华师范大学四川省教育发展研究中心主任李化树详细讲解了教育教研方法；四川省环境科学学会执行副秘书长胡颖铭分享了环境信用相关知识；四川新闻网环保频道主编卢永洪重点介绍了三分钟视频环境科普大“讲”赛；廖小强、白兰逞、刘莉 3 位校长分别以“生态教育，幸福人生”“循乐、共享”“聚焦生态价值，彰显品牌特色”为题，分享了青龙湖小学校、洪安小学、西安路小学校推进环境教育，成功创建国际生态学校的实践案例；四川师范大学附属实验学校汪慧容以“立足教育，坚持实践”为题作了交流发言；金华希望学校校长李仁强作了“与希望同行，做绿途行者”的主题报告；营山县环境保护局局长段斌介绍了营山县生态环境现状及对策，呼吁大家践行生态环境保护。除了内容丰富、特色鲜明的专题报告外，全体与会人员实地参观了营山县污水处理厂和第二净水厂。

最后，西华师范大学环境科学与工程学院副院长、环境教育中心主任李友平作为主办方代表发表了讲话，他希望各中小学高度重视生态文明教育，结合学校自身特点，积极开展形式多样的生态文明教育活动，不要写在纸上、停在嘴上，要主动、用心、持续。据悉，四川省中小学环境教育与科普教师培训是四川环境教育 1+N 联盟“一竞赛一培训一会议”3 个交流平台之一，已连续举办四届，在南充、自贡、成都、宜宾、泸州等地培训中小学、幼儿园教师 1 300 人次。

（摘自西华师范大学新闻网）

■　探讨生态教育建设　达成生态教育共识

2019 年 7 月 12 日，由高坪区教育科技和体育局主办、高坪区教师进修学校承办的南充市高坪区首届校长沙龙活动在高坪区教育科技和体育局举行。

四川教育报刊社首席记者、四川省作协会员、国培计划主讲专家余小刚，西华师范大学环境科学与工程学院副院长、教授、硕士生导师、环境教育中心主任李友平到现场作学术指导。全区校（园）长、片区督学、区教育科技和体育局相关股室负责人等 90 余人参加活动。高坪区教育科技和体育局局长王嘉敏主持此次沙龙活动。

本届学术沙龙活动以“生态教育”为主题，高坪区教师进修学校副校长许红平就沙龙议题、思路进行阐述。校（园）长紧紧围绕高坪教育生态特色建设，从生态理念与内涵、生态教育建设意义与内容、学校生态教育的措施与特色等方面进行了热烈的讨论，场面十分活跃。

此次沙龙活动的学术指导余小刚、李友平点评了校（园）长发言，并就生态教育的内涵发展、区域生态教育特色学校建设等方面进行了交流和互动，理清了生态教育的价值、内涵，明确了生态建设的策略、方法，各个学校生态教育努力做到一校一品、一校一特色。

最后，余小刚、李友平进行总结性点评，肯定了学术沙龙式研讨活动的积极意义，指明了生态教育建设的路径，达成了“让生命更生动发展”的生态教育共识，为南充市高坪区生态教育特色发展打下了良好的基础。

（摘自南充市高坪区人民政府网）

■ 借力世界眼光　共研可持续发展

2019 年 12 月 16—18 日，德国汉斯·赛德尔基金会与西华师范大学环境教育中心联合举办的中小学可持续发展教育教师培训在南充市五星中学举行。30 多位来自国内外的环保教师骨干齐聚五星中学，共商可持续发展教育大计，以期提升跨学科融合、创新课程开发及活动设计能力。

来自德国格雷芬布罗伊希帕斯卡文理中学（Greifenbroy PASCAL School of Arts and Sciences，Germany）的劳芬布克老师以自己 10 多年的可持续发展实例，鼓励我们从身边事做起，坚持开展可持续发展的推广工作。

来自浙江师训中心的陈晓萍教授和湖州市爱山小学的黎作民老师以德国的可持续发展课程在浙江本土化的实践成果为例，鼓励我们利用本地资源，开展南充市本土化的可持续发展教育。

活动间歇，参会嘉宾参观了五星中学特色选修课程科研农场和五星梦工厂，并对五星中学特色课程的开设表示充分肯定，为五星中学可持续发展课程的开展提出了宝贵的意见。

一直以来，五星中学以培养有中国灵魂、世界眼光的现代公民为己任，不断探索开发可持续发展课程，为培养五星学子的交流、创新、合作、批判、自主的五大核心关键能力搭建了广阔的舞台。

（摘自五星中学微信公众号）

四川环境教育 1+N 联盟：中小学环境教育与科普教育培训在路上

西华师范大学被命名为“国家生态环境科普基地”、“四川省中小学环境教育社会实践基地”和“川东北环境教育与科普基地”。为了更好地开展环境教育与科普，四川环境教育 1+N 联盟于 2015 年成立，搭建了“一竞赛一培训一会议”三个交流平台。中小学环境教育与科普教师培训是三个交流平台之一，凸显了西华师范大学教师教育特色和优势，已连续举办四届，在南充、自贡、成都、宜宾、泸州等地培训中小学教师 1 300 人次。2019 年培训来自四川省宜宾市、成都市、南充市，以及湖北省武汉市和浙江省的中小学环境教育与科普教师 660 余人，内容涉及环境教育、生态环境科普、生态文明教育、可持续发展教育等多方面。

2019 年 12 月 16—18 日，由四川省环境科学学会指导，德国汉斯 · 赛德尔基金会（Hanns Seidel Stiftung）、西华师范大学主办，南充市五星中学承办的中小学可持续发展教育教师培训（以下简称“培训”）为 2019 年中小学环境教育与科普教师培训画上了圆满的句号。德国汉斯 · 赛德尔

基金会浙江代表处雷诺主任、德国格雷芬布罗伊希帕斯卡文理中学高级参议教师劳芬布克、浙江外国语学院陈晓萍教授、浙江省湖州市爱山小学高级教师黎作民、西华师范大学环境科学与工程学院院长黎云祥、西华师范大学环境教育中心副主任唐娅和来自四川环境教育 1+N 联盟学校的 30 名中小学教师参加了培训开班仪式。培训中，雷诺主任分享了可持续发展教育培训的目的和意义，劳芬布克和陈晓萍分享了小学垃圾分类、可持续发展教育的机遇与挑战，黎作民对小学可持续发展教育活动课程进行了展示。最后，雷诺、劳芬布克、李友平、陈晓萍与参加培训的中小学教师就可持续发展教育课程开发与设计进行了反思。为期 3 天的培训中，德国专家带来的不仅是对于可持续发展教育课程的培训，更引发了大家对中小学可持续发展教育的思考。

综观今年的四川环境教育 1+N 联盟，我们发现，中小学环境教育与科普教师培训还在路上。

（摘自四川新闻网）

■ "国际生态学校创建"专题培训成功举行

2020 年 7 月 27 日下午，由西华师范大学教务处主办，环境科学与工程学院、环境教育中心（国家生态环境科普基地、川东北环境教育与科普基地、四川省中小学环境教育社会实践基地、四川省中小学生研学实践教育基地）承办的第 163 期"创建国际生态学校，切实提升办学品质"教育论坛在网络平台举行，山东省济南回民中学校长杨长寨担任主讲人。成都市实验小学文苑分校、宜宾市兴文县古宋镇第二小学校、四川师范大学附属实验学校等 15 所四川环境教育 1+N 联盟学校的 40 余名中小学教师参加培训。西华师范大学环境科学与工程学院副院长、环境教育中心主任李友平主持讲座，他简要介绍了培训的目的和主讲嘉宾杨长寨。据介绍，山东省济南回民中学校长杨长寨在全国第一个提出了班级文化建设的"四美教室"标准与"绿色力量推动整体提升办学质量"的教育管理理念，带领 4 所高中学校成功创建"国际生态学校"，荣获"全国百名最美生态环保志愿者"等诸多荣誉。

此次论坛上，杨长寨讲到创建国际生态学校能让学生参与生态环境保护实践，能培养学生的社会责任感，能提升学生成绩和综合素质。杨长寨校长20年的实践证明，生态文明教育有百利而无一害，付出越多、收获越多。虽然有苦有甜，但是事实证明生态文明教育能提升办学品质，甜远大于苦。随后，杨长寨校长通过PPT、视频介绍了如何开展生态文明教育，比如开展垃圾分类、创建绿色学校、科考骑行等活动，建太阳能发电设施、雨水回收系统、空气自动监测站等校园环保设施。接着，杨长寨校长按“七步法”讲述了创建国际生态学校的具体流程及注意事项。

最后，西华师范大学环境教育中心副主任、环境教育协会指导教师唐娅分享了学习心得。唐娅老师讲到，通过杨校长的讲座，可以看出开展生态文明教育让学生更优秀、校园更美丽、学校更出名。严格按照“七步法”，主动、用心、持续开展生态文明教育，成功创建国际生态学校其实不难!

（摘自西华师范大学环境教育中心微信公众号）

四川环境教育 1+N 联盟举办“美境行动”专题培训

2020年8月5日下午，由西华师范大学环境科学与工程学院、环境教育中心（国家生态环境科普基地、川东北环境教育与科普基地、四川省中小学环境教育社会实践基地、四川省中小学生研学实践教育基地）主办的“美境行动”环境教育与科普专题培训在网络平台成功举行。此次培训的主题为“环境教育美境美人做中学”。德阳市罗江区七一潺亭中学李太宽老师担任主讲人，山东省济南回民中学、上海市曹杨中学、成都市龙泉驿区航天小学校等27所四川环境教育1+N联盟学校的40余名中小学教师参加培训。培训开始前，西华师范大学环境教育中心副主任、环境教育协会指导教师唐娅简要介绍了此次专题培训的目的及嘉宾。

培训中，德阳市罗江区七一潺亭中学李太宽老师先对环境教育、“美境行动”等内容作了讲解，他介绍到“美境行动”的美源于心，境成于行，美境美人。开展“美境行动”综合实践活动为学校环境教育、生态文明教育、可持续发展教育提供了舞台和抓手，让广大师生自觉形成了生态环保习惯，提升了师生生态环保素质，让生态环保理念根植于心，让学校变成环境教育劳动教育基地。随后，在“美境行动”实践的感悟分享中，李太宽老师介绍了开展环境教育的 2 门技术（SWOT 和 STEM）及其在“美境行动”实践中的应用。开展工具归位、废品回收、学校两箱一销售、家庭两桶一袋垃圾分类等“美境行动”，成功立项“笔芯，你扔了吗?”并获奖。李太宽老师表示，七一溽亭中学由“美境行动”上升到生态环境保护层面，希望通过创建国际生态学校将环境教育做得更好。

西华师范大学环境科学与工程学院副院长、环境教育中心主任李友平对此次专题培训作了总结。他说李太宽老师的讲解生动形象，他详细讲解了“美境行动”的全过程，深入浅出，以小见大。体现了环境教育教师提升学生生态环境素养的初心，促进学生“德智体美劳”全面发展的情怀。希望四川环境教育 1+N 联盟学校以“美境行动”等项目为抓手，主动、用心、持续开展环境教育工作。

（摘自西华师范大学环境教育中心微信公众号）

千年荔城举行生态环境管理能力提升培训

2020 年 11 月 23 日上午，由西华师范大学、泸州市合江县人民政府主办，西华师范大学校地合作处、环境科学与工程学院、环境教育中心和泸州市合江生态环境局承办的“2020 年合江县生态环境管理能力提升培训班”（以下简称“培训班”）在“千年荔城　甜美合江”开班。西华师范大学环境科学与工程学院党委书记任丽平，泸州市生态环境局党组成员、机关党委书记赵晓琼，合江县人民政府党组成员、副县长黄智勇，西华师范大学环境科学与工程学院副院长、环境教育中心主任李友平，泸州市合江生态环境局党组成员、总工程师陈治平出席培训班开班仪式。开班仪式由泸州市合江县人民政府办公室副主任贾泽蓉主持。开班仪式上，黄智勇副县长、赵晓琼书记、任丽平书记先后讲话，对组织此次培训班的工作人员及专家表示感谢，强调深入贯彻学习习近平生态文明思想和打赢污染防治攻坚战的重要意义，希望各位学

员认真学习并学以致用。

此次培训班学员来自泸州市合江生态环境系统和合江县政府部门、乡镇、企业的生态环境管理负责人，共80余名，参与为期一周的培训。此次培训专家阵容强大，内容丰富，形式新颖。泸州市生态环境局赵晓琼、刘艳蓉，四川省环境政策研究与规划院王维，四川省生态环境保护综合行政执法总队肖汉，四川省生态环境科学研究院佟洪金，西华师范大学肖娟，四川省泸州生态环境监测中心站姚玉兰、薛京洲、张洪文，西南交通大学俞阳和合江县应急管理局刘利 11 位专家，围绕生态环境教育宣传教育、大气污染防治、生态环境保护规划、生态环境执法、环境应急管理、环境监测、碳标签、危险废物仓库安全等内容，通过讲座、讨论、参观、分享等形式进行生态环境管理能力提升培训。

11 月 27 日下午，结业仪式顺利举行，为此次培训班画上了圆满的句号。结业仪式由西华师范大学环境科学与工程学院王碧霞主持。学员们一起观看了《对话绿色先锋——护江出川　泸州担当》、《携手共创天蓝地绿水清》和《培训花絮》三个视频。泸州市合江县先市镇副镇长冯永聪、合江县公安局马生兵、合江县综合行政执法局钟雄飞、白鹿镇乡村振兴站晏光勇 4 位学员分享了一周的学习心得。西华师范大学环境科学与工程学院副院长、环境教育中心主任李友平从感谢、希望、祝愿 3 个方面作培训总结并为全体学员一一颁发结业证书。全体学员合影留念。

（摘自西华师范大学环境教育中心微信公众号）

2021 年四川省中小学环境教育与科普教师培训在成都举行

为深入贯彻学习习近平生态文明思想，大力推进中小学生态文明教育，2021 年 5 月 6—8 日，由四川省环境科学学会指导，西华师范大学环境教育中心（国家生态环境科普基地、川东北环境教育与科普基地、四川省中小学环境教育社会实践基地、四川省中小学生研学实践教育基地）与成都市龙泉驿区教育局、龙泉驿区生态环境局联合举办的四川省第六届中小学环境教育与科普教师培训（国际生态学校授旗暨创建培训）（以下简称“培训”）在成都市十陵小学隆重举行。当日，来自全国、省、市、区各级教育和生态环境部门领导、专家、中小学校长、骨干教师近百人参加培训。

此次培训开班仪式由成都市龙泉驿区教育局机关党委书记张斌主持，成都市龙泉驿区生态环境局机关党委书记陈伶、四川省生态环境宣传教育中心副主任贾永刚、成都市生态环境局宣传处处长熊中茂分别为本次培训致辞。生态环境部宣传教育中心教育室主任祝真旭、四川省环境科学学会秘书长胡颖铭等为成功创建“国际生态学校”的成都市实验小学文苑分校、四川师范大学附属实验学校、成都市跃进小学校、成都市客家小学校 4 所学校授国际生态学校绿旗。西华师范大学环境科学与工程学院副院长、环境教育中心主任李友平为成都市十陵小学、洪河小学、洛带小学、机关幼儿园、东山国际小学、向阳桥小学 6 所学校授“西华师范大学环境教育基地”牌，热烈欢迎其加入四川环境教育 1+N 联盟。

培训的专题报告由西华师范大学环境科学与工程学院副院长、环境教育中心主任李友平主持。生态环境部宣传教育中心教育室主任祝真旭以“从传播知识到倡导行动”为题分享了解决环境教育问题的三大方法、环境教育发展的历程、环境教育技术创新的相关内容以及国际生态学校的核心理念，鼓励中小学积极参加“国际生态学校”“美境行动”等生态文明教育实践。中国福利会少年宫戴剑以“从学习者出发，壳牌美境行动与国际生态学校的创新实践”为题、山东省济南回民中学校长杨长寨以“一所高中学校的绿色蝶变”为题、湖南生态学校联盟秘书长肖玲以“生态教育陌上花开，春雨和风细细来”为题，分别为学员们阐述了国际生态学校创建模式，并结合优秀实践案例作了生动有趣的培养路径介绍，为四川省中小学创建国际生态学校提供了有益参考。

专题交流由成都市十陵小学校长廖小强主持。南充市营山县希望初级中学校副校长方国强、西华师范大学附属小学校副校长彭钰桢、成都市西安路小学校副校长万本喜、成都市青龙湖小学校校长范杰章、成都市洪安小学主任何小燕等 9 位代表围绕国际生态学校创建的实践作了经验分享。培训最后，西华师范大学环境教育中心副主任唐娅组织来自南充、成都、宜宾、广元等地的骨干代表进行了热烈的交流发言，分享其环境教育与科普的实践经验、存在的问题等。现场培训结束后，主办方邀请戴剑、杨长寨、肖玲 3 位专家走进多所四川环境教育 1+N 联盟学校，精准指导国际生态学校创建。

据悉，四川省中小学环境教育与科普教师培训是四川环境教育 1+N 联盟“一竞赛一培训一会议”三个交流平台之一，已连续举办六届，在南充、自贡、成都、宜宾、泸州、广安等地培训中小学教师 2 000 余人次，大力推进了中小学生态文明教育。

（摘自四川新闻网）

实施生态文明教育　促进学校绿色发展

为进一步大力推动生态文明建设，提高校园绿化水平，使成都市龙泉驿区十陵小学生态环境建设和生态文明教育可持续发展工作迈上一个新的台阶，2021 年 7 月 6 日上午，十陵小学召开了“实施生态文明教育　促进学校绿色发展”的国际生态学校创建专题研讨会。本次会议邀请了西华师范大学环境科学与工程学院副教授唐娅、青龙湖小学校德育办副主任兰丹、机关幼儿园的两位园长以及学校大队委学生代表和家长代表。

国际生态学校项目是国际环境教育基金会在全球推广的五个环境教育项目之一，是当今世界上面向青少年的最大的环境教育项目，受到联合国教科文组织和联合国环境规划署的充分肯定，并成为“联合国可持续发展教育十年计划”杰出范例。

首先，西华师范大学环境教育中心副主任唐娅带来了一场精彩纷呈的讲座，主题为“以学生为中心，习近平生态文明思想进校园”。她以项目展示的方式给大家介绍了国际生态学校的 7 项标准（即“七步法”），希望通过使用“七步法”，让学生们带领全校师生，用实际行动使学校及周围社区的环境得到改善；学生们学习到环保知识，树立积极的态度，养成良好的行为习惯，并锻炼他们发现问题并解决问题的能力。

随后，青龙湖小学校德育办副主任兰丹进行了国际生态学校创建实操经验的分享。我们深深地感受到创建国际生态学校不仅是一种创建行为，更是一种教育方式。创建的过程是学习规范环保的过程，是传播生态理念的过程，是提升师生可持续发展意识的过程。

接着，十陵小学德育办蒋先丹老师以“垃圾减量分类　争创零废弃校园”为题分享了学校创建的初步思路。十陵小学采取了多种措施，开展丰富多样的宣传教育活动，对环保工作常抓不懈，精心打造绿色文化，构建绿色校园，取得了一定的成绩。

研讨会上，既有专家的引领，又有师生的互动，还有家长代表的发言。四年级三班钟浩原同学的爸爸从自己的工作经历和切身体会出发，非常支持学校的创建工作，他认为创建“国际生态学校”既是一种荣誉，更是一份责任，建议学校环境教育要从娃娃抓起，必须经过认识—实践—改变的过程，从身边小事做起，让环保意识落实到我们生活的每一个细节。

最后，廖小强校长要求大家践行生态环境责任，携手共建天蓝、地绿、水清的美丽中国。同时希望全体师生以创建“国际生态学校”为契机，把生态创建与教学管理服务质量提升融合在一起，开启学校生态建设、绿色发展新篇章，努力促进学校高质量发展。

美丽中国，我是行动者！让我们共同努力，做一名环保的行动者、建设者、宣传者！

（摘自成都市龙泉驿区十陵小学官网）

5.3　环境教育与科普研讨会

四川省首届环境教育研讨会在南充市举行

2016 年 11 月 18 日，以“创新环境教育　践行绿色生活”为主题的四川省首届环境教育研讨会（以下简称“研讨会”）在位于南充市的西华师范大学成功举行。在研讨会上，直面现实问题、把住未来脉搏；在交流经验的同时，大家纷纷建言献策。参会人员一致认为，环境素质是 21 世纪人类的基本素质之一。我们不能等、不要靠，尽快集聚多方力量，创造性地升华四川环境教育应当是当前要务，因为卢永洪说，“创新慢了不行！”作为长期密切关注四川环境教育的媒体，四川新闻网环保频道很敏锐地发现，为了加快创新发展，四川环境教育的“变数”凸显。

在大会报告中，四川省环境科学学会环境宣传教育工作委员会副主任委员何平均老师介绍：“2015 年，《环境教育》杂志对全国中小学环境教育情况抽样调查了 25 个省份的 127 所中小学，其中小学 62 所、初中 38 所、高中 27 所，结果如下：13% 的学校环境教育还是空白；89% 的学校无法保证一周一堂环境教育课；2/3 的学校无固定教师讲授环境教育课程；在环境教育授课覆盖方面，初中最好，高中最差；校外环境教育活动大多走马观花，缺乏互动；知识竞赛是学校最热衷采用的方式。”

西华师范大学的环境教育基地瞄准国家级

在研讨会上，西华师范大学党委副书记、纪委书记聂应德教授宣布，西华师范大学将创建“全国中小学环境教育社会实践基地”和“国家环保科普基地”。他介绍到，在“创新、协调、绿色、开放、共享”五大发展理念指引下，积极响应“推动形成绿色发展人人有责、人人参与、人人共享的良好社会风尚”建设美丽四川的号召，西华师范大学环境教育与科普基地开展了一系列活动，例如“大学环境教育”公共选修课、中小学环保课堂、垃圾分类银行、四川省首届环保科普创意大赛、四川省第五届“美境行动”骨干教师培训、大学生志愿者“千乡万村”环保科普行动等。2016 年 1 月，成功创建“四川省中小学环境教育社会实践基地”。下一步，西华师范大学将创建“全国中小学环境教育社会实践基地”和“国家环保科普基地”。

四川省环境科学学会增设科普教育部

在研讨会上，四川省环境科学学会副秘书长胡颖铭明确提到“学会将成立科普教育部，专门开展环保科普宣传教育工作”。当前“绿色发展”已成为大趋势，而要解决环境问题，实现可持续发展，在依靠法制和公共管理的完善、科学技术的发展、公众参与和权益保障的同时，更应该通过教育这一根本手段，来提高公众的环境意识和参与能力。他说：“环境保护，教育为本。环境和可持续发展教育是实现绿色发展、建设生态文明的思想基础。环境素质是 21 世纪人类的基本素质之一。”

胡颖铭认为，结合我国正在进行的提高受教育者综合素质的教育改革来推进环境教育，是一项意义深远、具有无限生命力和丰富创造性的事业。四川省环境科学学会本身就专门设立了环境宣传教育工作委员会，在开展学术交流和科技评价工作的同时，也十分注重环保科普宣传和教育。胡颖铭还特别讲到：“下一步，我们学会将成立科普教育部，专门开展环保科普宣传教育工作，希望在座的环境教育界专家和有志之士加入进来，肩并肩、手牵手，整合资源，共同培育‘环境教育’这棵生机盎然的幼树。”

在四川大学建议推进可持续发展教育校园建设

“可持续发展教育校园建设，实际上对大学校园建设是非常重要的。”四川大学建筑与环境学院讲师颜炯博士这样介绍到，“在高校的可持续发展教育，从国内外实践来看，主要在三个方向来发展实施的。第一，可持续发展的通识教育（类似于当前的思想品德、政治理论、中文、外语、计算机等公共课学习），尤其应突出意识与觉悟的培养，比如四川大学的公选课。第二，可持续发展的专业教育。就是将目前的环境科学与工程、资源科学、生物与生态学等整合。比如西华师范大学的学院和专业。第三，将可持续发展教育融入每一个学科领域中，比如在课程设置中都融合这个发展理念及相关知识。在这个方向上，我们已经在城市规划与建筑设计、机械、化工、土木工程、道路交通等课程中开始摸索。”

四川大学建筑与环境学院讲师卢红雁是在中国高校最早一批成立环保志愿者社团的创始人，她通过亲身体验，介绍了德国大学将校园建成环境教育基地的案例。“希望能够打通学校课堂到校园的通路，就是校园应该建成一个大的教育基地和实验室。”颜炯博士接着表示，目前，我们的学生针对校园也做行动方案，正在向校方积极地建议中。

环境教育不再是“豆芽科”，来者可追

“我们看到了川大的卢老师和颜老师，她们很早就在做环境教育。这是一所全国排名前列的大学，同时也是我们川内最好的大学。她们都在做环境教育。”西华师范大学环境科学与工程学院副院长、环境教育与科普基地主任李友平副教授讲到。他还补充道：“过去，我们搞环境工程的人，始终觉得应该只做好工程的事儿就行了。比如搞一些大项目、做一些大工程，而环境教育被视为‘豆芽科’的事儿。”

在研讨会上，一位不请自来的嘉宾让李友平非常“震动”。这位不请自来的嘉宾就是西南石油大学化学化工学院刘宇程教授。他当场表态：“今天来学习，我们西华师范大学在环境教育方面是做得非常好的，通过其他渠道知道这个信息以后，就决定今天一定来学习学习。刚才听了两位专家的演讲，我自己感受颇深。就像李友平老师所言，平时主要是带着学生做研究，对环境教育问题，我们之前是比较忽视的。但是我们最近已然明确，在校的大学生、研究生要加强环境教育。”

"四川绿色小记者"是践行绿色生活的行动

作为曾经的四川省中小学环境教育社会实践基地评选委员会成员，四川新闻网环保频道主编卢永洪长期密切关注环境教育。在大会主题报告中，他指出："互联网和我们的教育、环境教育都有一个绿色的根。""互联网无远弗届，环境教育也是没有疆界！"卢永洪还明确提出自己的观点："绿色、绿色化教育或为'互联网+'下环境教育的第一选择，'互联网+'+环境教育=绿色教育。"

环境保护，教育为本。生态文明教育要积极创新，创新慢了也不行。对于高校的可持续发展教育，我们坚持一个宗旨，就是把知识转化为行动。在"互联网+"下的环境教育就是绿色教育，绿色教育是一个螺旋式的可持续延展系统，环境教育不再是"豆芽科"！来者可追。

（摘自四川新闻网）

四川省第二届环境教育研讨会在西华师范大学召开

2017年11月17日，由四川省环境科学学会指导，西华师范大学、西南交通大学主办的四川省第二届环境教育研讨会（以下简称"研讨会"）在西华师范大学举行。此次研讨会以"创建四川省环境友好型学校和国际生态学校"为抓手，开展生态文明教育。研讨会吸引了华东师范大学、西南科技大学等8所高校的环境教育专家及师生，以及18所中小学、幼儿园的领导及骨干教师近100人到场参加。

会上，各地的专家、学者作了热情洋溢的发言，研讨会学术委员会主任赵锐教授以"Carbon labelling scheme whether a valuable indicator for environmental education?"为题作了分享报告，全方位分析了碳标识计划对环境教育各方面的影响。华东师范大学陈胜庆教授以中德环境教育合作项目为例，阐述了环境教育主题构建和胜任力培养的方法及措施。西华师范大学环境教育中心主任李友平以"携手打造四川环境教育1+N品牌"为题，介绍西华师范大学环境教育中心概况、特色及相关活动，呼吁大家携手共创天蓝、地绿、水清，把四川环境教育做大做强。

在研讨会授牌及颁奖环节，来自成都、南充、遂宁的 5 所中小学、幼儿园成为西华师范大学环境教育与科普基地。

西华师范大学副校长陈涛表示，希望此次研讨会的召开，可以进一步促进各部门协调沟通，共同推动环境教育工作的开展，一起共创四川省环境教育的新未来。

据悉，四川省环境教育研讨会已在西华师范大学连续举办两届，是四川环境教育 1+N 搭建的“一竞赛一培训一会议”三个交流平台之一。四川省第三届环境教育研讨会将于 2018 年 10 月举行，期待在环境教育思维的碰撞中迸发出更绚丽的火花。

（摘自四川教育网）

四川省第三届环境教育研讨会在西华师范大学召开

2018 年 10 月 12 日，由四川省环境科学学会主办，西华师范大学、西南交通大学承办的四川省第三届环境教育研讨会（以下简称“研讨会”）在西华师范大学举行。研讨会以“美丽中国，我是行动者”为主题，围绕生态环境保护和生态文明建设进行研讨。中国环境科学学会、生态环境部宣传教育中心、四川省环境科学学会、西南科技大学、四川环境教育 1+N 联盟成员的领导及骨干，省内外环境教育保护领域的专家学者，高校环保社团志愿者和南充市中小学、幼儿园教师共 200 余人一同享受了一场生态文明教育的盛宴。

西华师范大学副校长龙汉武代表学校致欢迎辞。他对与会嘉宾表示热烈的欢迎，并简要介绍了学校概况和“国家环保科普基地”建设情况，希望与会人员深入学习贯彻习近平生态文明思想，落实全国教育大会精神，开展好环境教育与科普工作。四川省环境科学学会党支部书记邓新华代表学会致辞并预祝研讨会取得圆满成功。

在随后的颁奖环节中，李丹、林怡君、闵志阳、何玲、沈朋程 5 人因在过去一年的环境教育与科普工作中表现突出，被评为“四川环境教育 1+N 联盟先进个人”。

在上午的特邀报告环节中，中国环境科学学会科普部副主任卢佳新围绕“中国环境科普政策与现状”进行分享报告，对未来环境科普发展趋势进行了详细分析；生态环境部宣传教育中心副主任祝真旭作了生态环境保护与中小学环境教育的报告，指导中小学教师如何开展环境教育；山东省济南回民中学校长杨长寨以自己 18 年的环境教育经验总结出要深度实施环境教育，促进教育质量提升；广元市环境监测站总工程师陈林总结和分享了自己从事环境应急监测工作的经验。研讨会主旨报告中，西华师范大学环境科学与工程学院副院长、环境教育中心主任李友平，四川新闻网环保频道主编卢永洪，成都市西安路小学校环境科学教师何玲，四川科盛新环境科技有限公司副总经理赵柏清分别总结了各自的环境教育与科普工作情况并分享成果。

当日下午，四川省人民政府参事、四川省环境科学学会会长、原四川省环境保护厅厅长姜晓亭进行了生态文明与环境保护的专题报告分享，他指出生态文明建设是环境保护中的关键一环，当今社会的生态文明建设需要所有人的努力。报告深入浅出、引人入胜，赢得了与会代表的阵阵掌声。

本次四川省环境教育研讨会的规模和规格均超过以往两届，得到了社会各界的广泛支持和认可。西华师范大学国家生态环境科普基地将和其他高校、四川省环境科学学会、四川环境教育 1+N 联盟成员一道，更好地为生态环境保护和生态文明建设服务。

（摘自西华师范大学新闻网）

2019 年全国环境教育研讨会在西华师范大学举行

2019 年 11 月 29 日上午，2019 年全国环境教育研讨会（以下简称“研讨会”）在西华师范大学华凤校区图书馆 306 会议室举行。西华师范大学副校长龙汉武、四川省环境科学学会副会长陈维果、中国环境科学学会科普部副主任卢佳新、生态环境部宣传教育中心项目主管史国鹏出席研讨会，西华师范大学科研处、环境科学与工程学院负责人及来自广东、台湾等 7 个地区 52 家单位的专家、师生百余人参加此次研讨会。

本次研讨会由西华师范大学、四川省环境科学学会主办，西华师范大学环境科学与工程学院、环境教育中心、科研处、研究生院协办，旨在深入贯

彻落实党的十九大精神和习近平生态文明思想，将全国生态环境保护大会精神落地落实，推动全国环境教育与科普工作，助力打赢污染防治攻坚战，建设美丽中国。

西华师范大学副校长龙汉武对研讨会的召开表示热烈的祝贺，对嘉宾的到来表示热烈的欢迎。他表示，西华师范大学正积极响应“创新、协调、绿色、开放、共享”五大发展理念，大力开展环境教育与科普工作，并于2010年9月成立环境教育中心，依托西华师范大学环境科学与工程学院开展了一系列卓有成效的工作，对提高大中小学生的环保意识发挥了积极作用。学校也将继续依托“国家生态环境科普基地”等平台，努力把西华师范大学建设成为在全国具有重要影响力的环境教育与科普基地。

四川省环境科学学会副会长陈维果为大会致辞，希望大家共同探讨交流，利用环保科普、环境教育，共建生态中国，共筑时代新梦，使环境教育工作、生态文明建设取得长足进步。

生态环境部宣传教育中心项目主管史国鹏、中国环境科学学会科普部副主任卢佳新分别作了题为“请进来，走出去”“探究生态环境教育创新”“生态环境科技普及教育的使命”的主旨报告；四川省环境科学学会胡颖铭、四川省生态环境科学研究院陈军辉、四川省环境政策研究与规划院付思文分别作了题为“四川省生态环境科普现状及对策”“四川省大气 $PM_{2.5}$ 与 O_3 污染现状及对策”“城市湿地公园的环境教育科普功能探索”的大会特邀报告。

当日下午，王冠生、周昭敏、汪慧容、李仁强、兰丹、杜凤鸣6位学界和业界的专家也作了大会报告。与会代表认真聆听，积极思考报告提出的问题，现场气氛热烈。

研讨会为罗冰等9名四川省环保科普创意大赛优秀指导教师代表颁奖，为云南大学附属中学等6所学校授“环境教育基地”牌。

研讨会结束后，与会代表开展了环境教育与科普研究专题讨论会、环境教育与科普实践专题讨论会，分别从科普研究与科普实践方面展开深入讨论，聚焦环境教育。

（摘自西华师范大学新闻网）

2021 年四川省环境教育与科普研讨会成功召开

2021 年 11 月 26 日，2021 年四川省环境教育与科普研讨会（以下简称“研讨会”）在网络平台顺利举行。西华师范大学党委常委、副校长龙汉武，科技处处长李军，环境科学与工程学院院长黎云祥，研究生院副院长、环境教育中心主任、四川省环境科学学会生态环境科普专业委员会主任委员李友平，四川省环境科学学会副理事长陈维果，四川省环境科学学会秘书长胡颖铭出席研讨会。来自四川环境教育 1+N 联盟成员、国际生态学校、国家生态环境科普基地、绿色学校、高校、科研院所、企事业单位等的近 700 人次参会。研讨会主题为“以创建和竞赛为抓手　提升环境教育和科普能力”，由西华师范大学、四川省环境科学学会主办，旨在深入贯彻习近平生态文明思想和习近平总书记关于提高全民科学素养的重要论述精神，搭建全省环境教育与科普交流平台，推动环境教育与科普事业的可持续发展。

研讨会开幕式上，西华师范大学副校长龙汉武对研讨会的召开表示热烈祝贺，对嘉宾的参会表示热烈欢迎。他表示，西华师范大学积极响应“创新、协调、绿色、开放、共享”五大发展理念，大力开展环境教育与科普工作，2010 年 9 月成立环境教育中心，依托环境科学与工程学院等开展了一系列卓有成效的工作，对提高大中小学生的生态环保意识发挥了积极作用。学校将继续依托“国家生态环境科普基地”“四川环境教育 1+N 联盟”等平台，努力把学校建成全国具有重要影响力的环境教育与科普中心，助力“碳达峰、碳中和”、美丽中国建设。随后，四川省环境科学学会副理事长陈维果为大会致辞，希望大家共建生态中国，共筑时代新梦，搭建好四川省环境教育与科普交流平台，使环境教育工作、生态文明建设取得长足进步。

当日上午，人民教育出版社刘健、四川省科技交流中心丁建、四川省生态环境宣传教育中心张瑶、成都大熊猫繁育研究基地金双分别作了题为“国际生态学校的创建”、“加强科普基地能力建设”、“新形势下环境教育的探索与思考”和“从大熊猫科普教育到生物多样性保护理念传播”的大会特邀报告。特邀报告由胡颖铭秘书长主持。

当日下午，赵金丽、孙梦琳、袁胜轶、向柳、孟力、肖鲜 6 位学界和业界的专家分别作了题为“生态文明视角下的科普基地建设”“善用‘讲解’技巧 演绎‘科普’魅力”“构建生态环境‘育人场’”“气候危机与‘双碳’行动”“健康科普助力医学文化发展”“环境教育的‘校园乘法’”的大会报告。大会报告由李友平主任主持。

与会代表认真聆听、互动频繁，通过平台聊天留言、四川环境 1+N 微信群等方式积极讨论和交流四川环境教育与科普发展。研讨会结束后，李友平主任作了总结。他指出，四川省环境教育与科普研讨会已连续举办四届，此次研讨会紧扣主题、内容丰富、覆盖面广、干货满满、线上线下融合，取得预期效果，感谢各位领导、各位专家、各位同仁的关心和支持，期望 2023 年再会。

据悉，四川环境教育 1+N 联盟成员积极参加研讨会，成都市青龙湖小学校、十陵小学、实验小学文苑分校，宜宾市古宋镇第二小学，成都大熊猫繁育研究基地等单位自发设置分会场，组织师生、员工集中全程观看，大力推进本单位环境教育与科普工作。

（摘自西华师范大学环境教育中心官网）

第6章

四川环境教育1+N传播渠道（“双微一群一网一手册六简报”）

6.1 “双微一群一网”

西华师范大学环境教育中心通过环境教育与科普，促进大中小学生养成自觉的生态环境保护习惯，主动、用心、持续开展环境教育与科普，携手共创天蓝、地绿、水清！其传播渠道主要有西华师范大学环境教育中心微博及微信公众号、四川环境教育1+N微信群、西华师范大学环境教育中心网站、西华师范大学环境教育中心宣传手册以及四川环境教育1+N工作简报，简称“双微一群一网一手册六简报”。“双微一群一网”均为电子传播渠道。截至2021年12月，微博发文1 500余条，新增粉丝500多个，单个话题超过12万阅读量。微信公众号发文近500篇，其中原创288篇，吸引了近3 000个粉丝，单篇推文阅读量超过10 000次。微信群有教育、生态环境等不同领域来自北京、上海、广东、四川、重庆、山东等不同省份的400余名专家，经常交流讨论环境教育、可持续发展教育、生态文明教育和生态环境科普等话题。网站较全面地介绍了西华师范大学环境教育中心、四川环境教育1+N联盟、师资队伍、科普站点、教育科普、科学研究、合作交流等内容，及时更新相关内容，获得了 46 000 多次的点击量。通过“双微一群一网”，实现了生态文明知识、理念、政策的大传播。

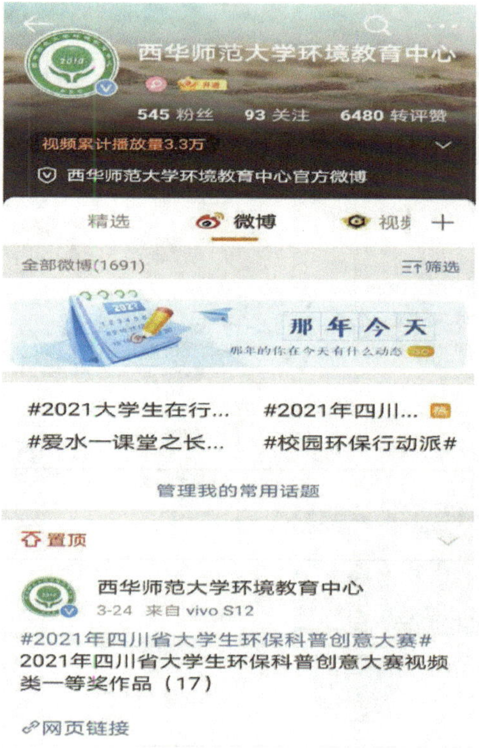

环境教育中心微博

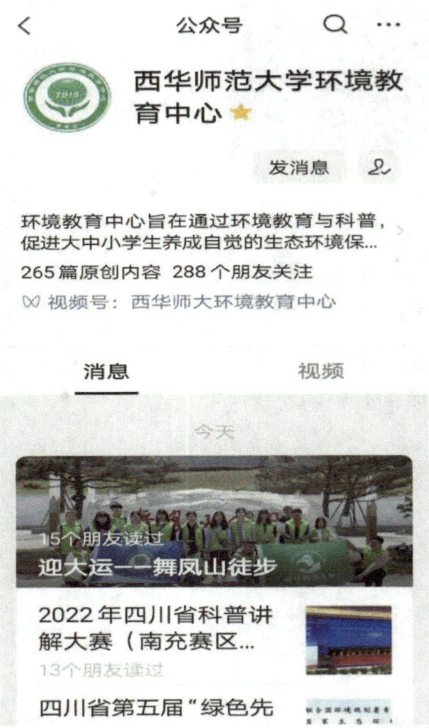

环境教育中心微信公众号

四川环境教育 1+N 微信群

环境教育中心网站

6.2 “一手册六简报”

“一手册六简报”指的是纸质传播渠道。截至 2021 年 12 月，宣传手册已印制近 50 000 册，内容主要包含了西华师范大学环境教育中心、环境教育协会等机构简介，环境教育与科普活动内容展示以及相关竞赛和国际生态学校、国家生态环境科普基地的创建等内容，每年更新一次。工作简报收录了四川环境教育 1+N 联盟成员网站、微信公众号及媒体报道，每两个月 1 期、一年共 6 期，据统计现已编辑整理 32 期，有近 300 篇环境教育与科普的报道。通过“一手册六简报”，实现了生态文明工作的记录、总结及宣传。

环境教育中心宣传手册

四川环境教育 1+N 工作简报

附录

四川环境教育 1+N 联盟成员代表介绍

01 西华师范大学附属小学校

西华师范大学附属小学校是一所秉承“绿色教育”特色办学思想的优质学校，从厚重文化生命，到夯基育人内涵、彰显人文情怀，再到铸就特色发展，一路转型升级，赢得了全国生态文明教育示范学校、国际生态学校、全国小河长小湖长首批试点学校、四川省绿色学校、南充市“绿行模式”垃圾分类示范学校、西华师范大学环境教育基地等众多称号。

学校始终坚持“绿水青山就是金山银山”理念，并结合学校“自由 宁静 生命力”的办学理念，提出了以下环境教育工作指导思想。

走进西华师范大学附属小学校，面积不大的校园给人的感受更似花园，数十米的绿植生态墙、中心花园的大树、多种充满生机的植物好似学校“绿色教育”的象征。教学楼里的班级文化、走廊文化、“童心艺廊”美术馆以及垃圾回收站的建立都体现了环保的理念。这里不仅有绿色的外观，更有绿色的内涵。坚持“绿色教育”特色办学不动摇，坚持质量强校不动摇，坚持打造一流教师队伍不动摇，坚持创办社区满意学校不动摇。

“绿色”与“环保”从来都是相辅相成的一对儿。当“绿色教育”特色校园与“绿水青山就是金山银山”“垃圾分类也是一种新时尚”的理念相遇。2017 年 12 月，学校展开对校园环境问题的调查。根据调研结果，并结合国家政策，提出了以“垃圾分类减量，环保储蓄美德”为主题积极创建国际生态学校。2018 年 12 月，学校被授予国际生态学校绿旗，随着垃圾分类的实施与开展，学校以实践活动为依托，以学生为主体，积极开展相关活动。当“地球日”碰撞“读书日”时，开展了“环保我先行悦读会”活动、“垃圾分类减量，共建美好南充城”进社区活动、“小河长 小湖长”宣讲、巡河活动等。让特色活动成为学校的常态，让环保行为成为学生的习惯。

环保绝不仅是一个行动项目、一所学校的特色教学，而应该是有尽可能多的参与者，共同养成，提升生态环境保护意识。学校充分利用学生的带动作用，牵动每一个家庭，带动每一个社区，最大限度地发挥辐射作用。尤其是西华师范大学附属小学校绿源行分行的成立，更是发挥了学生的带动作用。西华师范大学附属小学校不满足于只是深挖本校学生的带动潜能，而是想到了将社会各界力量也带入环保队伍中，向他人学习，同时也鼓励着他们。

西华师范大学附属小学校将会一直凭借“绿色教育”的办学特色，助力绿色教育品牌升级。继续落实绿色发展理念，推进生态文明建设，让我们可爱的家乡——南充成为青山常在、清水常流、美景常在的“金山银山”。

02 西华师范大学附属中学

西华师范大学附属中学前身为始建于 1969 年的南充炼油厂中学，三易校名。2020 年 8 月 31 日，西华师范大学与南充市人民政府、顺庆区人民政府校地三方共建的西华师范大学附属中学正式揭牌成立。

学校荣获全国青少年校园足球特色学校、四川省中小学德育工作先进单位、南充市市级示范性普通高中、南充市校风示范校、南充市教育质量先进学校、南充市最佳文明单位、南充市家长示范学校、南充市五四红旗团委、顺庆区教育工作先进集体、顺庆区人才开发示范单位等荣誉。2022 年，学校被评为“四川省绿色学校”。

为贯彻落实习近平生态文明思想，厚植学校绿色发展理念，加强师生生态文明教育，影响、带动全校师生参与绿色校园建设，涵养绿色生活方式，培养社会责任感和实践能力，学校积极摸索新时期、新形势下环境教育规律，持续开展保护环境、节约能源、垃圾分类等绿色实践活动，取得了良好的效果。

2021 年起，学校根据校本课程建设需求，在劳动实践基地开辟种植园，组织初高中一年级、二年级师生开展“班级种植园”活动。在教师的指导下，学生通过体验耕种、培育、收获等环节，观察、记录植物的生长过程，学习科学的种植方法，感受自主探究的快乐，养成耐心细致的处事态度，同时培养爱护绿色植物，热爱生活的情感。

学校在此基础上开设专门的环境教育课程，宣传生态文明和环保知识，并在师生中开展“环保服务周”活动，号召师生发扬劳动精神，争做一线绿色行动实施者，共建环保模范城市。通过学校、社区的协同育人合作，教育引导学子崇尚劳动、尊重劳动，深入开展劳动教育，助力家乡南充绿水长流、青山依旧、美景常新。

如今，“班级种植园”已成为学校生态环境教育的绿色名片，“环保服务周”已纳入学校“五育并举”创新劳动教育形式育人体系，一系列生态环境教育的实践研究等微型课题也纷纷申报或立项，全校师生的绿色生态观念得到了进一步的增强。

近年来，学校加大资源管理力度，合理配置、统筹使用、规范管理，大力建设节约型校园。同时，投入专项改造资金，逐步实现了校园环境的硬化、亮化、绿化与美化，优化了师生学习、工作和生活的环境。

学校充分发挥环境育人功能，以生态文明建设为主题，利用教室、寝室、办公室、文化长廊、班级橱窗和学校公众号等线上、线下宣传阵地，或举办环保周、科创节、卫生评比等活动，或进行摄影、书法、绘画、主题征文等比赛，或开展世界地球日、环境日、国际爱鸟日等科普宣讲，使得环境知识与环保行为内化为师生的自觉行动。

如今校园内，睡莲、栀子、三角梅，银杏、玉兰、黄葛树，燕子、斑鸠、灰喜鹊……一草一木，四时不同；鸟语花香，书声琅琅。物我相融，蓝绿相映，优美的校园生态俨然成为了学校最美的“底色”。

在取得初步办学成绩的基础上，学校秉持以学生综合素养提升、多元全面发展为核心的“激扬生命潜能，培育成长力量”办学思想，推进体系化办学，努力践行生态教育，落实生态课堂，反思教育策略，创新学校教育链，不断提升师生幸福指数，促进学校的“绿色”和谐发展。

03 营山县希望初级中学校

营山县希望初级中学校于 2019 年秋由原营山县金华希望学校初中部独立而成，是营山县教育科技和体育局直属的一所初级中学。现有在校学生 1 977 人，教学班 34 个，教职工 132 人。营山县希望初级中学校是南充市示范学校，是四川省“依法治校先进单位”、全国“文明礼仪教育示范基地学校”、“全国示范家长学校”、“国际生态学校”。

学校秉承“艰苦勤奋，勇创一流”的希望人精神，确立了“知周万物　道济天下”的核心理念，采用“动车机制、树样管理”的管理模式，以“培养身心和美、品行端方、学力健劲、忠勇担当的现代学子”为发展目标，融合生态教育，浸润经典文化，启迪创新创造，建设高品质学校。

近年来，学校高度重视生态文明教育，一路走来，步履坚实。

学校为打造书香校园、智慧校园、绿色校园，率先提出了“人走地净、摆放整齐”的要求，但学生的行为习惯养成教育非一朝一夕之功，甚至出现“5+2=0”的现象。校园环境依然堪忧。为此，2016 年 4 月，学校与西华师范大学环境科学与工程学院牵手，加入了四川环境教育 1+N 联盟，得到了西华师范大学专家的指导，逐渐探索出了一条崭新的环境教育之路。学校先后组织若干批次优秀学生到西华师范大学聆听环保专家的讲座，增长了学生的环保知识，提升了学生的环保意识。2016 年 7 月，学校组织了一批优秀学生参加西华师范大学组织的 2016 年“千乡万村”环保科普行动。学校以此为契机，积极配合，广泛动员，动员部分学生和家长志愿者一起行动，逐渐形成了环境教育家校合作的良好局面。

学校深知搞好环境教育离不开教师的支持和参与，首先需要得到老师们的认可和配合。为此，学校在 2017 年“世界环境日”邀请了环保专家到校开展环保励志教育活动。四川省第四届中小学环境教育与科普教师培训会和“环保教育与科普创意大赛”培训会在学校举办，老师们的环境教育热情被激发。

学校组织学生积极参加四川省首届环保科普大“讲”赛和四川省第二届环保科普创意大赛，获得三等奖 4 个、二等奖 1 个。开展“绿色小记者站”活动，在《环境教育》杂志刊出 5 篇生态教育案例文章。学校还利用传统节日开展生态文明教育系列活动：“低碳生活　绿色校园”文艺演出、“同享低碳精彩　共享绿色未来”嘉年华等。举办与生态教育相关的绘画展、手抄报、主题班会活动。学生通过多种形式的参与，环保意识明显增强。

2017 年年底，学校启动了国际生态学校的创建工作。通过创建 3R 环保银行、屋顶种植、笔记大自然、绿色小记者、气象观测等一系列环境教育活动，经过艰苦与努力，成功创建川东北首家“国际生态学校”。

追风赶月向未来，春华秋实在希中。开拓进取的希中人将不忘初心，砥砺前行，以感恩的心态、担当的精神，提升教育品质，狠抓生态教育，引领生态文明教育扎根川东北，共创天蓝、地绿、水清的美好未来！

04 成都市龙泉驿区青龙湖小学校

成都市龙泉驿区青龙湖小学校位于外环路以东，紧邻成都市最大的生态公园——青龙湖。学校现有小学生近 500 人，幼儿 60 余人，教职工 44 人，中共党员 17 人。

紧扣环境实际和发展实际，学校以“绿色发展”理念为指导，认真践行习近平总书记“绿水青山就是金山银山”理念和“人与自然和谐共生”要求，坚持“生态教育，幸福人生”办学理念，以“创生态智慧校园，建幸福成长家园”为办学目标，把学生培养成“爱生活、会学习、懂感恩、关注环保、勤于实践、勇于创新”的幸福人生创造者，积极推进“生态校园、生态课程、生态科研、生态活动、生态评价”五位一体的生态文明教育。

围绕办学理念和培养目标，不断优化生态教育基地建设，通过课题引领，积极开展多学科融合的 STEAM 生态课程实践研究，形成具有鲜明特色的生态文明教育校本课程“青龙湖畔我的家”。组织师生走出学校，走进公园、社区、高校，开展丰富多彩的生态环保实践宣传活动，积极传播生态文明理念，获得社会的广泛赞誉。

近年来，学校克服困难，加快发展，成功蹚出一条教学薄弱学校特色发展之路。荣获国际生态学校、联合国教科文组织中国可持续发展教育实验学校、全国生态文明示范学校、全国小河长小湖长青少年环境志愿行动项目首批试点学校、四川省环境友好型学校、成都市绿色低碳示范单位、成都市环境友好型学校等殊荣。中央电视台、四川电视台、成都电视台、《中国教育报》、《环境教育》、《四川日报》、《成都日报》等几十家媒体对学校进行采访报道。各级领导和省内外几百所学校同行先后莅临参观指导，多次在国家级论坛上交流学校经验。青龙湖小学校已经成为全国生态文明教育的一张亮丽名片。

05 成都市西安路小学校

成都市西安路小学校位于西郊河畔，有 80 多年的办学历史。1985 年率先提出“在小学生中开展环境教育”，至今已有 38 年。学校是第二批国家级绿色学校。在“生态立美”办学理念的引领下，以环保和科创为“两翼”，引导学生“从身边着眼、心系全球”，注重“以文化人”，潜移默化地引导全体师生树立正确的核心价值观。

学校积极探究，勇于创新，与企业合作，共同解决了垃圾末端处理的难题。2018 年争取到成都市发展改革委“绿色低碳校园”建设项目专项及配套资金 150 万元，建设场馆等以实施环保教育。

与时俱进，播撒绿色种子，把劳动教育与学校 30 多年的环保教育有机融合，不断创新，“小手牵大手”，让垃圾分类、垃圾减量从学校辐射到家庭、社区，产生了良好的社会影响。2017 年，学校在福州市“众心细分类，资源再循环”绿色发展论坛暨第五届全国零废弃论坛上，作了以《零废弃，亮师生，利学校》为题的交流；2018 年，在成都“2018 都江堰国际论坛”上，作了以《教育植入绿芯，共享美丽地球”》为题的交流；在深圳“海峡两岸暨香港、澳门环境与可持续发展教育论坛”上，作了以《播撒绿色种子，促学校持续发展》为题的交流；2019 年，在济南“绿色学校交流会暨未来教育学校博览会”上，作了以《让祖国的花朵在阳光下绽放》为题的发言。

2018 年 1 月，给成都市市长写信倡导“全市中小学生开展垃圾分类”，得到成都市市长回复。2018 年 3 月，成都市团委、市少工委联合发文提出“全市中小学积极开展垃圾分类”。成都市红领巾开学第一课“绿动青春，环保我行”启动仪式在学校举行，带动全市 113 万少先队员共同参与垃圾分类。

把劳动教育与学校 30 多年的环保教育有机融合，具有鲜明的西安路小学校特色，体现了“以劳立德、以劳增智、以劳健体、以劳溢美、以劳促创新”的新时代环保教育理念，促进了学校的整体发展。

通过“绿道 +”系列活动，开展“绿道展、绿道诵、绿道赛、绿道唱、绿道护”五个主题的活动，让师生走进自然，学习自然，回归初心。以丰富多彩的课外实践活动课，宣传和倡导绿色健康生活方式，弘扬天府文化，增强学生文化自信，实现生态价值的转换，为“绿满蓉城、花重锦官、水润天府”的美丽宜居成都增光添彩。

学校获得国际生态学校、中国环境教育发展联盟常务理事单位、全国生态文明示范校、全国环境教育百强学校、四川省环境友好型学校、成都市环境友好型学校、成都市绿色低碳示范单位、成都市金牛区首批劳动教育示范学校等荣誉称号。

06 四川省南充生态环境监测中心站

四川省南充生态环境监测中心站（以下简称“监测站”）成立于 1978 年，实行三块牌子、一套人员的管理体制，是南充市生态环境局直属全额拨款公益性事业单位。已取得四川省质量技术监督局颁发的“计量认证合格单位”证书。监测站同时是国家环境大气、酸雨、地表水监测网络站，国家 113 个大气污染防治重点城市监测站和嘉陵江流域环境监测中心站。

拥有气质谱联用仪、原子吸收光谱仪、气相色谱仪、超高速液相色谱仪、等离子光谱仪、离子色谱仪、原子荧光分光光度计、大气自动监测站、水质自动监测站等各类环境监测及科研仪器设备 300 余台（套），价值约 4 353 万元。

经过 40 多年的发展，监测站已经发展成为四川省嘉陵江流域环境监测中心和全省环保系统唯一的省级重点实验室（化学合成与污染控制四川省重点实验室），培养生态环境部认定的国家环境监测技术骨干 8 人。取得四川省技术监督局颁发的“计量认证合格单位”证书，通过项目 334 项，持证 348 项（采样项目不包含在计量中，但持证包含）；具备地表水 109 项全分析能力。

监测站现承担的环境质量监测任务主要包括以下几个方面：环境空气质量监测、地表水环境质量监测、集中式饮用水水源地水质监测、声环境质量监测、土壤环境质量监测、辐射环境监测、专项监测、执法监测和委托监测等。

07 中航工业南充可再生能源有限公司

中国航空工业集团公司（简称“中航工业”）是由中央管理的国有特大型企业。下辖 200 余家成员单位、有 20 多家上市公司，员工约 40 万人。2014 年，中航工业第六次入围《财富》世界 500 强企业，排名跃升至 178 位。中航工业是中国科技发展的领军者之一，拥有由中国航空研究院和 33 个科研院所组成的高水平科研体系；拥有一大批院士和国家级专家；拥有一批达到亚洲一流或国际领先水平的国家重点实验室和重大科研实验设施。

中航工业南充可再生能源有限公司于 2010 年 3 月注册成立，注册资本 1.9 亿元，是为建设运营南充垃圾焚烧发电项目而成立的专业公司，属中国航空工业新能源投资有限公司全资子公司。南充市垃圾焚烧发电项目位于南充市嘉陵区李渡镇张家桥村（南充化学工业园区），占地 110 亩（1 亩 =1/15 hm^2），总投资 6.3 亿元。公司始终专注于节能环保领域，致力于节约能源、环境保护、资源循环利用。南充项目按照国际一流标准建设，采用业内最先进技术与设备，引进国内一流人才，立志成为垃圾焚烧发电项目的国内标杆。

08 南充市嘉东城市生活污水处理有限公司

南充市嘉东城市生活污水处理有限公司（以下简称“嘉东污水处理公司”）隶属于南充水务投资（集团）有限责任公司，主要收集高坪城区的生活污水并进行处理。位于南充市高坪区都京镇庙儿嘴村，1 期占地 50.47 亩，处理工艺采用 CASS 工艺，于 2009 年 6 月建成投产，日处理污水能力为 3 万 t；二期日处理能力为 1.9 万 t，占地 19 亩，污水处理工艺采用 AAO 工艺，于 2019 年 12 月建成投产，现一期、二期设计总水量为 4.9 万 t，处理后水质达到《城镇污水处理厂污染物排放标准》（GB 18918—2002）一级 A 标准。三期正在积极筹备建设中，设计日处理能力为 4.9 万 t。

近年来，嘉东污水处理公司在提升技术、完善设施的同时，积极发挥生态环境保护的宣传教育作用，为中小学以及高校大学生提供教育实训。同时搭建青少年环保教育学习平台，让学生们直观了解污水的处理流程，探索污水处理还清的奥秘，进而养成保护环境的好习惯。

嘉东污水处理公司将以获批环境教育基地为契机，充分发挥污水处理厂在生态环境教育中的平台示范作用，不断完善软硬件设施，开展多种形式的教育培训活动，增强全社会生态环境保护意识，建设美丽生态南充新城。

09 四川省广元生态环境监测中心站

四川省广元生态环境监测中心站始建于 1986 年，系国家环境保护系统二级环境监测站，2012 年通过了国家环境监测站标准化达标验收。2013 年 8 月，广元市编委在原广元市环境监测站基础上组建广元市环境监测中心站，为副县级单位，核定编制人数 60 名，是具有技术监督管理职能的公益性事业单位。2016 年取得四川省质量技术监督局检验检测机构资质认定证书，能独立承担第三方公证性检测和对外开展业务活动。内设 7 个科室（办公室、生态监测科、信息技术中心、监测质量科、自动监测科、现场监测科、样品分析中心），有高级工程师 13 名、工程师 30 名。拥有监测分析仪器设备 500 台（套），具备水（含大气降水）和废水、空气（含室内空气）和废气、噪声、振动、固体类（含土壤、底质、污泥、危险废物鉴别）等环境监测类别，分析能力达 239 项。

主要职能职责有：贯彻执行国家环境保护法律、法规、方针、政策以及环境标准；参与拟定本市环境监测规划和计划，并认真贯彻执行；参与编写环境质量报告书，编制本市环境监测年鉴；按照国家环境监测技术规范开展环境质量、污染源监测和突发环境污染事件应急监测；承担环境监测网建设和收集，运行、管理环境监测数据，开展环境状况调查和评价，编制环境监测报告；开展环境监测领域研究，承担环境监测技术规范、方法研究和对外交流与合作；承担委托的其他环境技术工作。负责市环境监察执法支队监管范围的环境监测；负责市城区水、气、声等环境质量监测；负责全市国控、省控、市控污染源企业的监督监测；全市国控、省控、市控环境质量监测点位断面的环境质量监测；负责市环保局审批项目的“三同时”验收监测，协助省管项目的“三同时”验收监测等。负责全市监测网络业务工作的组织、协调，业务指导和质量保证，组织技术交流和监测人员培训；承担各级生态环境主管部门和上级监测站下达的监测技术研究，参加地方环境标准的制订修订。为环境保护提供科学依据。

2015 年 8 月，广元生态环境监测中心站与西华师范大学共建了环境监测实习基地，每年接收实习生 6 名，在仪器维护、项目开发、学术科研、人才培养等方面加强交流与合作，有力推动了生态环境监测技术发展。广元生态环境监测中心站每年积极组织策划六五世界环境日宣传活动，常态化开展空气自动监测站、检测实验室、环保设施等的公众开放日活动。大力开展以“你我携手同行，共建生态文明家园”为主题的农村环境意识宣传。全方位普及环境知识，增强了广大公众的生态文明建设和生态环境保护意识，营造了“人人关心环境保护、人人参与生态文明建设”的良好社会氛围。

10 四川省广安生态环境监测中心站

四川省广安生态环境监测中心站于 2020 年 1 月以原广安市环境监测站为基础成立，系四川省生态环境厅直属事业单位，具有独立法人资格，为国家环境监测站二级站。主要职责有：负责辖区内大气、水体、土壤、生物、噪声、辐射等生态环境质量监测；承担辖区内突发环境事件应急监测；受市（州）生态环境局委托，做好执法监测、生态环境科研、规划、评估等相关工作；受辖区内政府及其部门、有关企事业单位委托，为辖区环境管理提供技术支撑；承担辖区内县级生态环境监测机构的业务技术指导，为辖区内生态环境监测的质量管理提供技术支撑；接受四川省生态环境监测总站业务技术指导和其他工作安排；完成四川省生态环境厅和广安市生态环境局党组交办的其他工作任务。

四川省广安生态环境监测中心站始终坚持“科学、公正、准确、诚信、改进、高效”的质量方针，紧紧围绕“努力实现三个说清、有效改善环境质量”目标，为推进“山清水秀美丽新广安”提供强有力的技术支撑。

有稳定的监测队伍。现有事业编制 60 个，在编人员 59 人，有硕士研究生 8 人、本科学历人员 42 人，有正高级工程师 1 人、高级工程师 4 人、工程师 28 人，全站平均年龄 38 岁，监测队伍结构合理。

有较强的监测能力。2017 年 4 月通过资质认定复评审，资质认定项目 132 项，涉及方法标准 180 个。

有先进的监测设备。现有监测仪器设备 370 余台（套），价值 2 500 余万元，有 ICP-MS、离子色谱仪、气相色谱仪等多台先进监测设备，通过水质自动站和空气自动站，对全市水质、空气环境质量进行预警监测。

有健全的信息报送机制。在电视台、网站等平台公开全市环境空气质量、水环境质量、污染源监督性等监测信息，畅通公众了解环境质量的渠道。

有完善的管理制度。有适用于全站监测、管理工作的质量体系文件，有合理的管理制度，有效保证了全站的高效运转。

有较多的管理成果。连续获得“全省环境监测信息编报工作优秀监测站”称号，编制的《广安市“十二五”环境质量报告书》获得全省环境质量报告书三等奖，2017 年编制的“局地气候对空气质量影响研究”项目获广安市第八届科学技术进步奖三等奖，2019 年编制的《广安市大气污染防治对策措施研究及应用》《广安市耕地质量等别研究及应用》分别获广安市第九次社会科学优秀成果一等奖、三等奖。